现代环境艺术表现技法教程

XIANDAI HUANJING YISHU BIAOXIAN JIFA JIAOCHENG

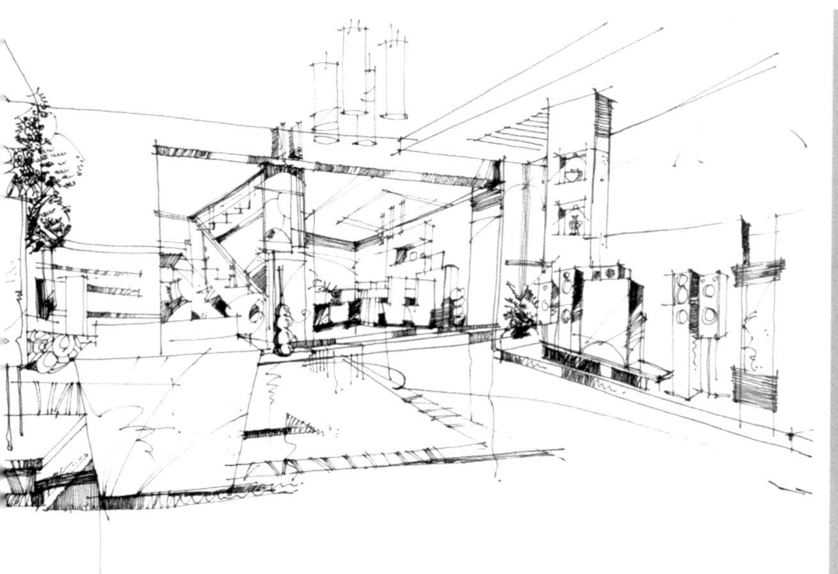

刘宇 马振龙 编著

中国计划出版社

图书在版编目（CIP）数据

现代环境艺术表现技法教程 / 刘宇，马振龙编著 .—北京：
中国计划出版社，2005.6（2013.7 重印）
ISBN 978-7-80177-464-4

Ⅰ. 现… Ⅱ. ①刘…②马… Ⅲ. 环境设计 - 教材
Ⅳ. TU-856

中国版本图书馆 CIP 数据核字（2009）第 010509 号

现代环境艺术表现技法教程
刘宇　马振龙　编著
中国计划出版社出版
网址：www.jhpress.com
地址：北京市西城区木樨地北里甲 11 号国宏大厦 C 座 3 层
邮政编码：100038　电话：（010）63906433（发行部）
新华书店北京发行所发行
北京广厦京港图文有限公司制作
北京信彩瑞禾印刷厂印刷

889mm×1194mm　1/16　8 印张
2005 年 6 月第 1 版　2013 年 7 月第 8 次印刷
印数　21001-23000 册
ISBN 978-7-80177-464-4
定价：56.00 元

编者的话

自从1988年国家教育委员会决定在我国高等院校设立环境艺术设计专业以来，这个介于科学与艺术边缘的综合性新兴学科已经走过了近20年的历程。

环境艺术设计是建立在现代环境科学研究基础之上的边缘性学科，它涉及自然生态与人文环境的各个领域。环境艺术设计的目的在于创造良好的生态系统以实现人类的理想生存环境。这样的生存环境体现在：社会制度的文明进步，自然资源的合理配置，生存空间的科学建设等诸多方面。环境艺术设计从广义上讲涵盖了几乎所有艺术设计的领域，是艺术设计的综合系统；从狭义上讲环境艺术设计专业以建筑的内外空间来界定，主要包括室内设计和景观设计两个方面。而作为环境艺术设计的表现形式又是多种多样的，其中以表现图这种形式最为普及，设计表现图已成为广大设计师所必须掌握的专业语言和设计工具。

作为环境艺术设计专业的表现技法课程，是本专业的一门必修课。此课程设置的目的在于训练学生运用各种表现材料进行效果图的绘制，锻炼学生设计思维与表达形式的快速结合，提高学生用设计语言进行表达沟通的能力，这也正是此书出版的目的。表现图的形式多种多样，主要有：钢笔草图技法，水粉写实技法，喷绘技法，麦克笔快速技法等。本书按照表现技法课程的课时安排对上述内容进行了详细讲解，尤其是对麦克笔快速技法进行了重点讲解。麦克笔这种新兴的工具有着极强的表现力，在表现时具有快速、准确的特点，同时可以结合其他材料综合起来使用。所以，这种新兴的表现形式正在被广大设计师所采用。

希望本书的出版能够为设计界的朋友提供一个交流、研讨、争鸣的平台，也希望阅读此书的学生能够从中受到某种启迪与帮助。本书的出版得到了中国计划出版社的大力帮助，责任编辑为此书的出版做了大量的工作，在此一并表示感谢。

编　者

2005年5月于天津

contents

目录

第一章　表现技法简述

1.1　表现技法的定义和表现技法的作用

环境艺术设计的表现技法是指通过图像或图形的手段来表现设计师设计思想和设计理念的视觉传达手段。设计师用表现图的形式来表现自己的设计，展示自己的构思。对于设计人员来讲，把自己头脑中的构思变成精美的具有实体效果的图像，进而实施，使之变成现实，是一个令人着迷、沉醉的过程，也是广大设计人员最大的满足与乐趣。

环境艺术的表现图能形象、直接、真实地表现出室内外的空间结构，准确地表达设计师的创意理念，并且具有极强的艺术感染力。在设计的创意阶段，设计投标阶段，设计中标、定案阶段，优秀的表现图起着十分重要的作用。因为效果图最为甲方和审批者所关注，它提供了方案竣工后的效果，有着先入为主的感染力。表现图同其他表现方式相比，具有速度快、易修改、真实性强等特点，所以练就绘制漂亮的表现图的能力是从事环境艺术工作的设计人员的“看家本领”。同时，表现图在设计的不同阶段能起到不同的作用：在设计草图阶段，能够帮助设计人员从多角度、全面地推敲空间，快速反映设计人员头脑中的构思，捕捉瞬间的设计灵感，同时也能记录设计师的思考全过程。在设计的深入阶段，能够帮助设计人员细化设计内容、推敲细部尺寸、调整色彩关系及室内空间构造。在设计的定稿阶段，能够全方位、准确地反映方案实施后的效果，对工程的施工起到决定性的指导作用。

当今，随着电脑技术的发展，绘图软件为我们提供了新的描绘室内外空间的方法，进一步拓展了表现技法的手段。电脑在表现室内外空间构造、装修材料质感、光影立体表现等诸多因素上都显得更加真实，所以电脑成为表现技法中非常重要的工具之一。

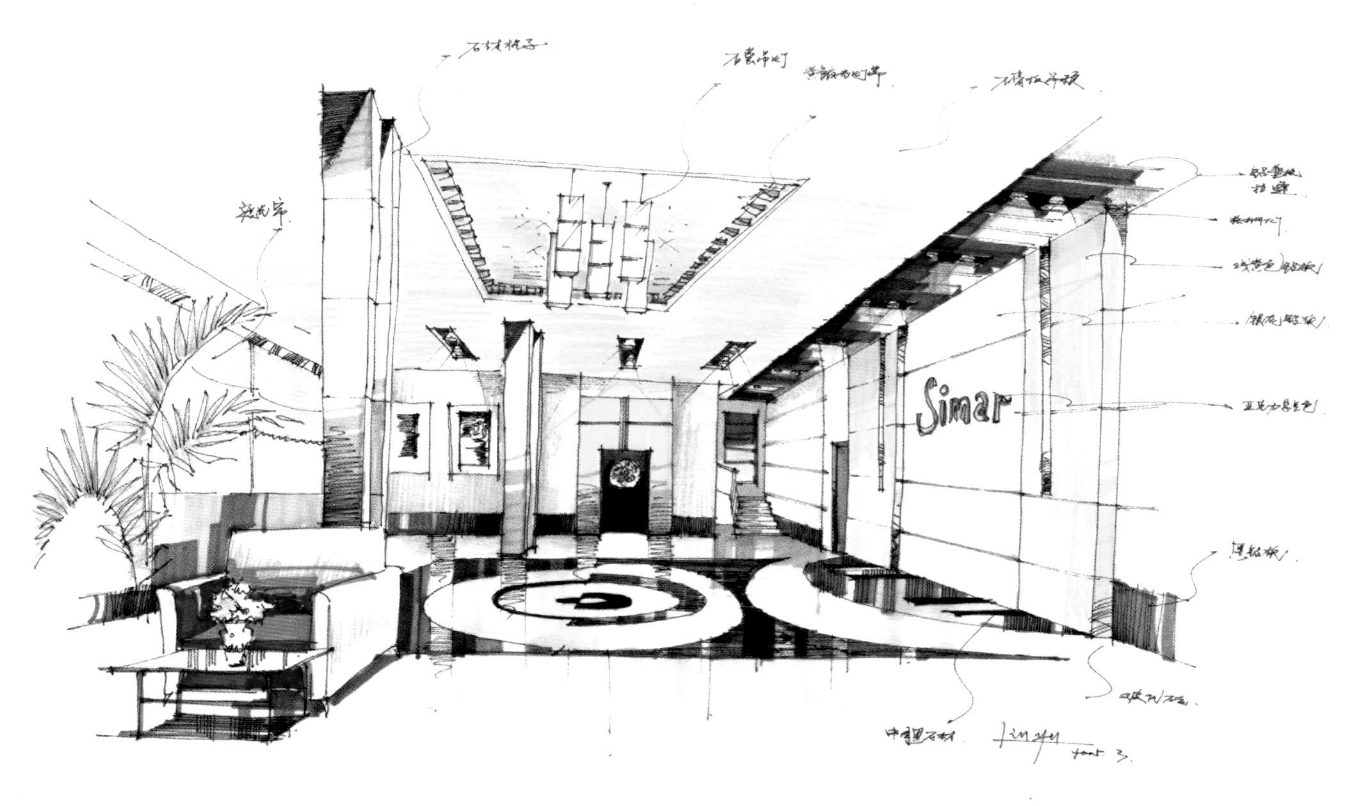

1.2 室内外表现图的绘制特点及程序

室内设计表现图根据绘画手法的不同，颜料、绘制工具的不同又分许多种（如水粉画法、设计草图画法、麦克笔画法、喷笔画法等），但不论室内设计表现图的技法有多么丰富，它始终是科学性和艺术性相统一的产物。

它的科学性在于：室内设计表现图首先要有准确的空间透视，运用画法几何绘制透视图是比较严谨、复杂的过程。要表现精确的尺度，包括室内空间界面的尺度（如吊顶的高度、墙面的尺度、材料分割的尺寸等)，家具陈设的尺度。还要表现材料的真实固有色彩和质感，要尽可能真实地表现物体光线、阴影的变化。

它的艺术性在于：室内设计表现图虽然不能等同于纯绘画的艺术表现形式，但它毕竟与艺术有着不可分割的关系。一张精美的室内设计表现图同时也可作为观赏性很强的美术作品，绘画中所体现的艺术规律也同样适合于表现图中，如整体统一、对比调和、秩序节奏、变化韵律等。绘画中的基本问题，如素描和色彩关系、画面虚实关系、构图法则等在表现图中同样遇到。室内设计表现图中体现的空间气氛、意境、色调的冷暖同样靠绘画手段来完成。作为设计表现图则要求画面效果要忠实于空间实际，画面要简洁、概括、统一。

绘制室内设计表现图要有一个过程，正确掌握绘制程序对表现图技法的提高有很大的帮助，能少走弯路。

(1)整理好绘画环境。环境的干净整洁有助于绘画情绪的培养，使其轻松顺手，各种绘图工具应齐备，并放置在合适的位置。

(2)充分进行室内平面图、立面图的设计思考和研究，了解委托者的要求和愿望。一般来说在绘制表现图前，设计的问题已基本解决。

(3)根据表达内容的不同，选择不同的透视方法和角度。如一点平行透视或两点成角透视，一般应选取最能表现设计者意图的方法和角度。

(4)为了保证表现图的清洁，在绘制前要拷贝底稿，准确地画出所有物体的轮廓线。根据表现技法的不同，可选用不同的描图笔，如铅笔、签字笔、一次性绘图笔或钢笔等。

(5)根据使用空间的功能，选择最佳的绘画技法，或按照委托图纸的交稿时间，决定采用快速还是精细的表现技法。

(6)按照先整体后局部的顺序作画。要做到：整体用色准确、落笔大胆、以放为主，局部小心细致、行笔稳健、以收为主。绘制表现图的过程也是设计再深入、再完善的过程。

(7)对照透视图底稿校正。尤其是水粉画法在作画时容易破坏轮廓线，需在完成前予以校正。

(8)依据室内设计表现图的绘画风格与色彩选定装裱的手法。

要说明一点，在绘制表现图之前，设计方面的问题已基本解决，包括：平面布置、空间组织与划分，造型、色彩、材料的设计。常看到有些学生是边画表现图边设计，画面上涂改的遍数多，会影响画面的视觉效果，影响绘画者的情绪和绘画质量，最好的做法是先设计，后画表现图。这样才能做到在绘制透视图时有的放矢，在绘制表现图时胸有成竹。但不等于说设计方面的问题已完全解决，在表现图中能直接反映设计中的诸多问题，如有不尽人意的地方可以及时修改。可以说，画室内设计表现图的过程也是设计再深入、再完善的过程。当然，根据每个人的绘画习惯、绘制特点，在绘制过程中还会有一定的差异。

在绘制室外表现图时也要注意一些问题：

(1)室外景观环境主要受自然光的影响较大，光线照射比较集中，由于天光是冷色调，所以表现图画面整体色调偏冷。

(2)在绘制室外表现图时要注意大场景气氛的营造，画面要有一定的虚实关系，建筑、雕塑要画的写实一些，水景、植物要画的虚一些。要注意环境前后的空间塑造，分出近景、中景、远景的空间层次。

(3)树木是景观表现图刻画的重点要素，要注意刻画不同树种的树形，以及特定环境和气候下树的色彩变化和季节变化。

(4)在表现图中光影的表现尤为重要，要对投影的行进行归纳统一，受光照的影响投影颜色一般偏淡紫色。

(5)人物往往成为景观表现图的点睛之笔，起到活跃画面气氛的作用，但要注意人物在整个场景中的透视、比例关系。

1.3 表现技法课程的设置安排及特点

环境艺术的表现技法课属于专业基础课的内容之一，是进入高年级设计课程前最为关键的一门课程，在授课时应着重训练学生对三维空间的塑造能力及通过不同视角推敲形体的能力，同时要强化学生运用色彩表现材质特性及质感的能力。在授课时应该训练学生掌握3种以上的表现技法，并进行重点训练。由于课程的时间较长，所以应采用阶段式、循序渐进的教学训练方式，每个阶段应有不同的侧重点。在强化训练数量的同时注重质量的把关，同时根据每个学生的不同特点采取因材施教的教学手法。

表现技法课程安排如下：

项目 周数	表现技法训练内容	作业要求	学时数
一	设计草图的技法训练 1.用线条表现各种材料的质感 2.用线条表现各种家具、饰品的形体 3.用线条表现室内空间构造 采用临摹图形或实景写生的方式进行教学	A4 或 A3 图纸 20 张	12
二	麦克笔的技法训练 1.麦克笔的笔触训练 2.用麦克笔表现物体的质感 3.用麦克笔对实景照片或图片进行色彩及形体的归纳	A3 图纸 15 张	12
三	麦克笔的技法训练 1.结合设计用麦克笔对室内大空间进行表现 2.结合设计用麦克笔对建筑及景观进行表现	A3 图纸 10 张	12
四	超写实表现图的技法训练 根据选择的图片用水粉的方式进行超写实的表现	4 开图纸 1 张	12
五	喷绘表现图的技法训练 采用喷绘的形式对室内外空间进行表现，同时注重光影的训练及对室内外大空间的控制能力	2 开或 1 开图纸 1 张	12
六	综合技法的训练 运用上述几种技法进行创作	2 开图纸 1 张	12

第二章　设计表现图的基本要素

当进行室内外设计表现图创作时，都有一个绘图技法、技能的问题。而室内外表现图所依赖的三种技法、技能也是构成表现图的三个要素，即：透视基础、素描基础、色彩基础。

运用透视原理绘制透视图是室内外表现图的技术基础，透视图在绘制过程中比较严谨、枯燥，但通过一段时间的训练后也比较容易掌握。训练的关键是培养学生对室内外空间的整体把握能力，从而培养良好的空间感、立体感。

素描基础和色彩基础是设计人员美术能力的体现，需要进行较长时间的积累，同时要在实践中训练设计人员的色彩搭配能力。所以说,一张优秀的表现图也是绘画者自身艺术修养的体现。

2.1　透视基础

透视效果图是一种将三维空间的形体转换为具有立体感的二维空间画面的绘画技法。掌握基本的透视制图法则是画好表现图的基础。透视图就好比是效果图的骨架，在绘制时一定要严谨、到位，整体与细节的关系处理得当，特别是要用线条表现物体质感的训练和线条的虚实疏密关系，透视图要画的重点突出。

作为室内外设计常用到的透视图画法有以下几种：

(1) 一点透视（平行透视）；

(2) 两点透视（成角透视）。

反光灯带
zhang zhi yong
2001.8.

2.1.1 一点透视原理

一点透视也称平行透视，是最常用的一种透视方法。它的特点是在画面中只有一个消逝点。这种透视方法能较全面地体现室内的整体空间效果，擅于表现较大的场景，但在绘画时要注意以下几个问题：

(1)视点的选择要符合人体视点的高度，一般在1400mm左右。

(2)视点的位置不要太偏向一侧，要保持画面效果的均衡。

(3)作透视的辅助线画的要清晰、到位。

(4)画面中细节物体的透视关系不要忽略。

2.1.2 两点透视原理

两点透视也称成角透视，它的特点是在画面中有左右两个消逝点。这种透视方法擅于表现室内的一角或一个局部空间，给人的感觉是构图灵活、生动，有一定的趣味性。

2.2 素描

素描是造型艺术的基础，也是对绘画艺术、建筑设计、室内设计等学科进行训练的基础课程，而室内表现图又是室内设计中重要的表现手法之一。它与绘画艺术表现有很大的区别，但又有一定的联系。由于实际应用的功能性，要求它在表现上不仅要忠于实际的空间，又要对实际空间进行精练的概括，同时还要表现出空间中材料的色彩与质感，表现出空间中丰富的光影变化。

在室内外效果表现图的几个要素之中，比较重要的就是素描关系。素描是塑造形体最基本的手法，其中的造型因素有以下几个方面：

(1)构图

构图意指画面的布局和视点的选择，这一内容可以和透视部分结合来看。构图也叫“经营位置”，是设计表现图的重要组成要素。表现图的构图首先要表现出空间内的设计内容，并使其在画面的位置恰到好处。所以在构图之前要对施工图纸进行完全的消化，选择好角度与视高，待考虑成熟之后可以做进一步的绘制。绘制时构图也有一些基本的规律可以遵循：

1) 主体分明：每一张设计表现图所表现的空间都会有一个主体，在表现的时候，构图中要把主体放在比较重要的位置。比如图面的中部或者透视的灭点方向等，也可以在表现中利用素描明暗的处理把光线集中在主体上。

2)画面的均衡与疏密：因为表现图所要表现的空间内物体的位置在图中不能任意移动，所以就要在构图时选好角度，使各部分物体在比重安排上基本相称，画面平衡而稳定。基本上有两种取得均衡的方式：

①对称的均衡：在表现比较庄重的空间设计图中，对称是一条基本的法则，而在表现非正规即活泼的空间时，却要求在构图上打破对称，一般情况下要求画面有近景、中景和远景，这样才能使画面更丰富，更有层次感。

②明度的均衡：在一幅表现图中，素描关系的好坏直接影响到画面的最终效果。一幅好图中黑白灰的对比面积是不能相等的，黑白两色的面积要少，而占画面绝大部分面积的是灰色。

疏密变化则分为形体的疏密与线条疏密或二者的组合，也就是点、线、面的关系。密度变化处理不好，画面就会产生拥挤或分散的现象，从而缺乏层次变化和节奏感，使表现图看起来呆板、无味，未达到“表现”之意。

构图的成功与否直接关系到一幅表现图的成败。不同的线条和形体在画面中产生不同的视觉和艺术效应。好的构图能体现表现内容的和谐统一。

(2)形体的表现

一幅表现图是由各种不同的形体构成的，不同的形体又是由各种基本的结构组成的，所以说最本质的东西是结构，它不会受到光影和明暗的制约。人们之所以能认识物体首先是从物体的形状入手，之后才是色彩与明暗，形是平面，体是立体，两方面相互依存。形体基本上以两种形态存在着：一种是无序的自然形态，一种是人造形态，而我们可以把这两种不同的形态都还原为组成它的几何要素，所以一些复杂的形体可以以简单几何形体的组合来理解、把握。

在室内表现图的素描基本训练中，可以先进行结构素描训练，从简单的几何形体到复杂的组合形体、有机形体。从外表入手，深入内部结构，准确地在二维空间中塑造三维的立体形态。

(3) 光线的表现

在掌握形体的基础上，为进一步表现空间感和立体感就要加入光线的因素。在视知觉中，一切物体形状的存在是因为有了光线的折射产生了明暗关系的变化才显现出来。因此，形体和明暗关系是所有表达要素中最基本的条件，然后才依次是光线作用下的色彩、光感、图案、肌理、质感等感觉。光源分为自然光源和人造光源，而室内表现图一般比较注重人造光源的光照规律。不同的光照方式对物体产生不同的明暗变化，从而对形体的表现产生很大的影响。室内表现图多为顺光，顺光以亮部为主，暗部和投影的面积都很少，变化也较少。

在表现图中的物体由于光线的照射会产生黑、白、灰三个大的分面，每个物体由于它们离光线的远近不同、角度不同、质感不同和固有色不同所产生的黑、白、灰的层次各不相同。如果细分下来物体的明暗可以分成：高光、受光、背光、反光和投影。在作画的过程中，一定要分析各物体的明暗变化规律，把明暗的表现同对体面的分析统一起来。

2.3 色彩

构成室内的三大要素是形体、质感和色彩。色彩会使人产生各种各样的情感，影响人的心理感受。同样，色彩在专业表现技法中也占有十分重要的位置，设计人员需要表现的环境是哪一种色调，以及环境中物体的材料、色泽、质感等，都需要通过色彩的表现来完成。色彩本身是很感性的，所以在运用时需要我们用理性的态度加以把握。色彩会影响人的情绪和精神，运用良好的色彩感觉绘制出来的表现图，不仅能准确地表达室内色调及环境，而且能给人创造出愉悦的心理感受。这就需要设计人员不断地学习理论知识，并在实践中长期的积累经验。

2.3.1 色彩的对比与调和

根据色彩对比与调和的属性，可以进一步了解色彩的特性。当色与色相邻时，与单独见到这种色的感觉是不一样的，这就是色彩的对比现象。了解和利用这个特点，可以对室内外设计的色彩关系处理起到重要的指导作用。

(1)色相对比

两种不同的色彩并置，通过比较而显出色相的差异，就是色相对比。例如：红与绿、黄与紫、蓝与橙。类似这样的两个色称为补色。补色相并置，其色相不变，但纯度增高。

(2)明度对比

明度不同的两色并置，明度高的色看起来越发明亮，而明度低的色看起来更暗一些，像这样明度差异增大的现象就是明度对比。

在室内设计中，突出形态主要靠明度对比。若想使一个形态产生有力的影响，必须使它和周围的色彩有强的明度差。反过来讲，要削弱一个形状的影响，就应减弱它与背景的明度差。

(3)纯度对比

纯度不同的两个色相邻时，形成明显的反差。纯度高的色更显得鲜艳，纯度低的色则更显暗浊。

室内设计中所用的材料，其颜色大都是不同程度含灰的非饱和色，它们的颜色在纯度上的微妙变化将会使材料产生新的相貌和情调。

蓝色系的纯度对比

红色系的纯度对比

2.3.2 色彩在室内设计中的作用

(1)烘托室内气氛，营造室内情调

通过视觉对色彩的反映，作用于人的心理感受从而产生某种联想，引起感情方面的变化。不同的色彩能营造不同的室内气氛和室内情调，从而让人产生不同的心理感受。如：

白色——明确、单纯、明朗。

黑色——严肃、沉稳、凝重。

灰色——中性、单调、均衡。

红色——热烈、活力、注目。

橙色——温和、快乐、甜美。

绿色——安全、自然、和睦。

紫色——典雅、神气、高贵。

蓝色——寒冷、纯净、广阔。

我们可以运用色彩的象征性来控制表现图的色调，有目的地强化色彩倾向，调节表现图的室内气氛。

白色系的室内环境

灰色系的室内环境

黑色系的室内环境

橙色系的室内环境

紫色系的室内环境

黄色系的室内环境

红色系的室内环境

蓝色系的室内环境

(2)吸引或转移视线

通过色彩对比的强弱，来吸引观察者的视线是常用的手法之一。在室内突出的重点部位，可以强化其色彩对比，多运用补色增强视觉冲击力。在室内空间分割或转折的部位，也可以运用色彩加以分割，表明空间的特定局域性，使空间有较强的整体感。

红色坐椅在室内吸引观察者的视线

红色装饰成为点缀室内的亮点

(3)调节室内空间的大小

人们对色彩的感受是靠眼睛作用获得的，是一种生理现象。不同波长的色彩会形成不同的色彩感觉，波长较长的暖色具有扩张和超前感，会使一定的室内面积增大；而波长较短的冷色，具有收缩性和滞后感；处于中等波长的色彩，则具有中间感觉，有一种稳定感。学习并运用好色彩的空间作用，对于预想效果图的绘制与表现具有很好的指导意义。

(4)材质肌理的表现

在构成室内空间的诸多要素中，肌理是不可忽视的内容。因各种材料表面的组织结构不同，吸收与反射光的能力也各不相同，所以必将影响到材料表面的色彩。表面光洁度高的材料，如大理石、花岗岩和抛光瓷砖，其反光能力很强，色彩不太稳定，其明度与纯度都有所提高。而粗糙的表面反光率很低，如毛面花岗岩、地毯以及纺织面料，色彩稳定。但表面粗糙到一定程度之后，明度和纯度比实际偏低。因此，同一种材料，由于其表面肌理不同，进而引起色彩感觉的差异。

肌理可分为视觉肌理和触觉肌理两种。视觉肌理能引起人们不同的心理感受。例如，丝绸面料给人以柔软、华贵的色彩感觉，西班牙米黄大理石给人以亲切和富丽的色彩感觉。红橡木和枫木给人以纯朴而温暖的自然美，黑胡桃木则给人以坚硬、凝重的感觉。

第三章　设计表现图的草图技法

设计图是设计人员了解社会、记录生活、再现设计方案、推敲设计方案、收集资料时所必须掌握的绘画技能。一个好的设计构思如果不能快速的表达出来，就会影响设计方案的交流与评价，甚至由于得不到及时的重视而最终被放弃。因此，设计草图对设计人员来说是交换信息、表达理念、优化方案的重要手段。

3.1　设计草图的分类及作用

设计草图根据作用不同可分为两类：一类是记录性草图，主要是设计人员收集资料时绘制的。一类是设计性草图，主要是设计人员在设计时推敲方案、解决问题、展示设计效果时绘制的。

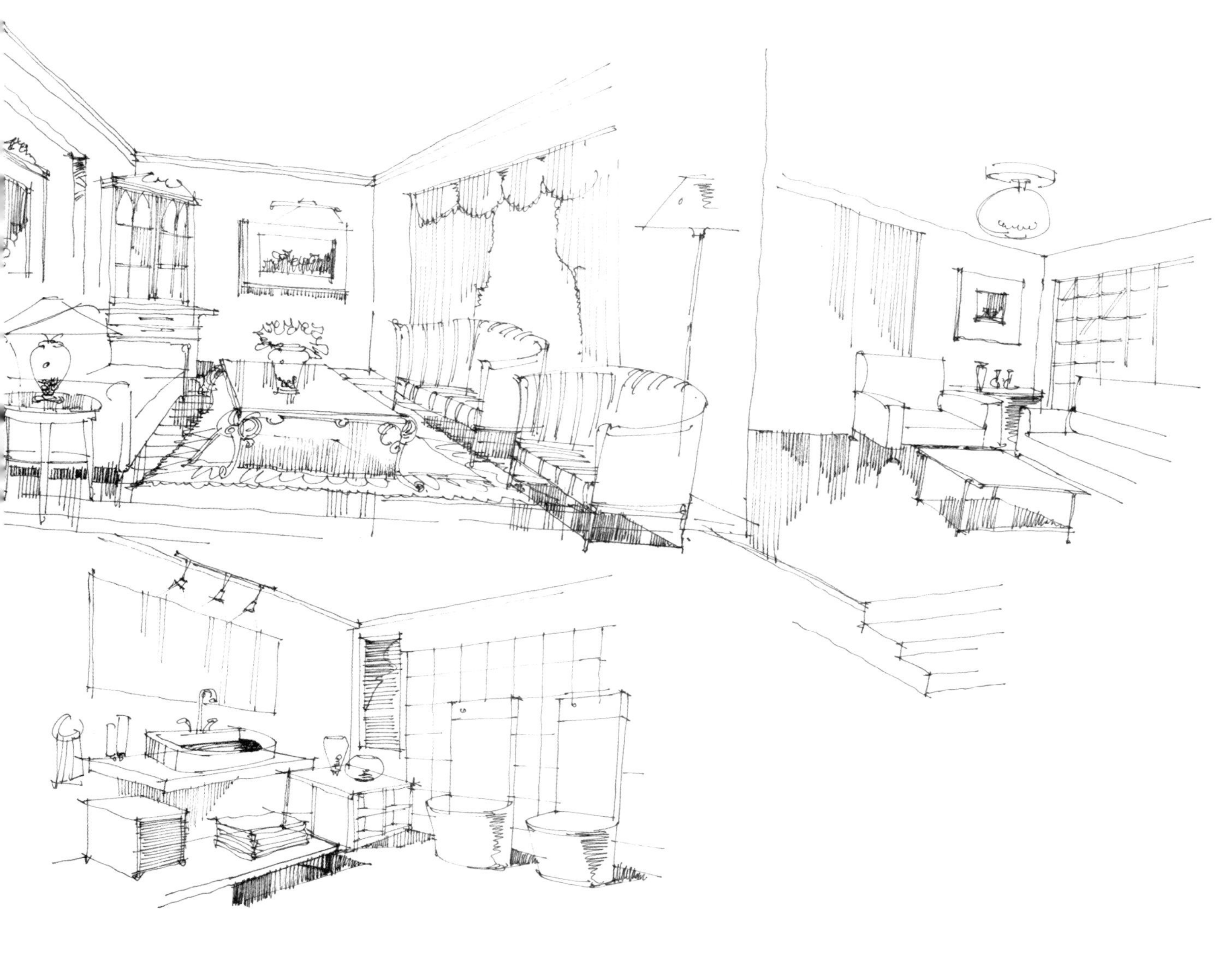

设计草图有四大作用：

(1)资料收集：设计是人类的创造性行为，任何一种设计从功能到形态都可以反映出不同经济、文化、技术和价值观念对它的影响，形成各自的特色和品牌。市场的扩大，加剧了竞争，这就要求设计者要凭借聪慧的头脑和娴熟的技能，广泛地收集和记录与设计有关的信息和资料，运用设计速写既可以对所感知的实体进行空间的、尺度的、功能的、形体和色彩的要素记录，同时也可以运用设计草图来分析和研究他人的设计长处。发现现实设计的新趋势，为日后的设计工作积累丰富的资料。

(2)形态调整：设计者在确立设计题目的同时，就应对设计对象的功能、形态提出最初步的构想，如家具的功能不变，可否改换其材质，以适应家具的造型要求，这就需要有多种设计方案保证家具功能的实现，还要考虑到形态的调整是否会对家具的构造产生影响，这一阶段逻辑思维与形象思维不断组合，运用设计草图便可以将各种设计构想形象、快捷地表达出来，使设计方案得以比较、分析与调整。

(3)连续记忆：通常设计师的构思、设计要经过许多因素的连续思考才能完成，有时也会出现偶发性的感觉意识，如功能的转换、形态的启发、意外的联想和偶然的发现，甚至梦中的幻觉都有意识或无意识地促使设计者从中获得灵感，发现新的设计思路和形式，此时只有通过设计草图才能留住这种瞬间的感觉，为设计注入超乎寻常的魅力。

(4)形象表达：设计师对物体造型的设计既有个人意志的一面，又有社会综合影响的一面，需要得到工程技术人员的配合，同时也需要了解决策者的意见和评价。为了提高设计的直观性和可视性，增加对设计的认识，及时地传递信息、反馈信息，设计草图是最简便、最直接的形象表达手段，是任何数据符号和广告语言所不能替代的形象资料。

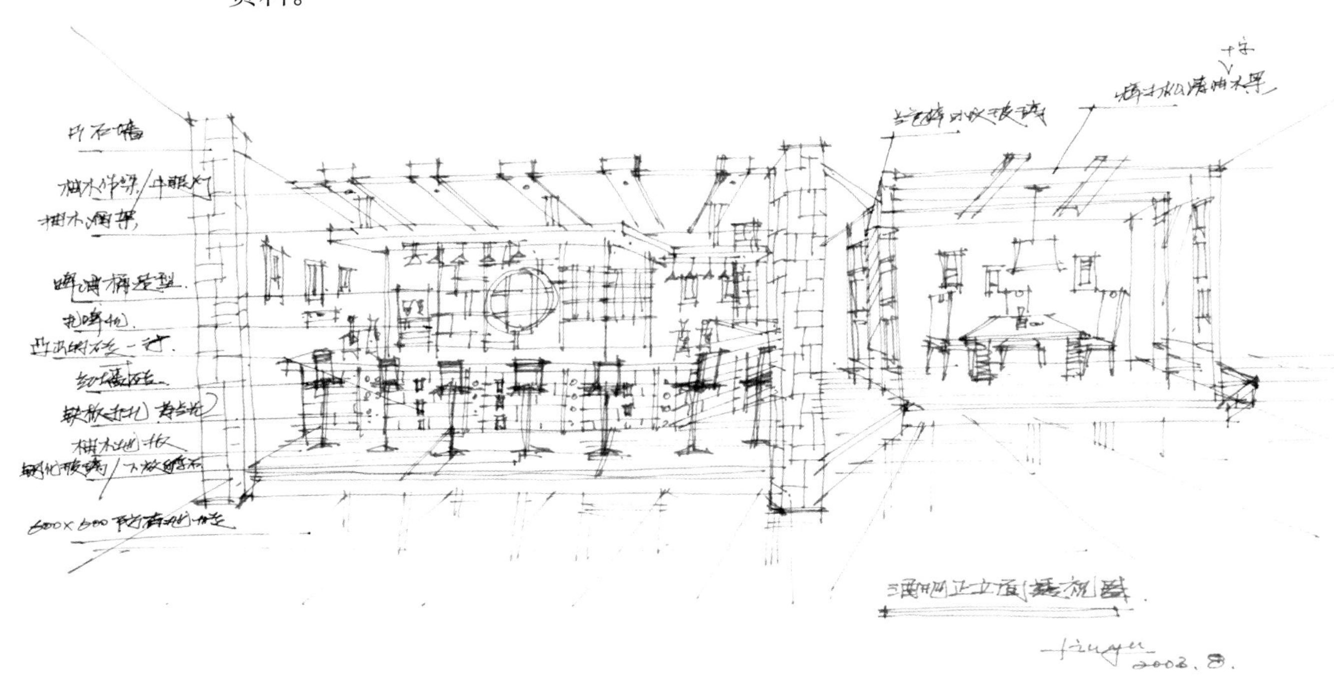

酒吧台球区透视图
2003.7

3.2 线条的表现力

线条是设计草图表现的一种最普遍形式，使用工具简单，速度快，表现力丰富，主要是通过运用铅笔、钢笔、针管笔等工具进行绘制，用线条来表现物体的基本特征：形体轮廓、转折变化等，线条看似平淡无奇、单一乏味，其实仔细研究，线条具有无限的表现力。

3.2.1 装饰材料的质感表现

在草图表现中除了表现物体的形体结构外，表现其质感和光泽也是重要的因素。如金属、镜面、陶瓷的质感表现为质地坚硬，光洁度高，有一定的反射作用。在用线条表现时要用笔利落地刻画到位，同时要注重其纹理的刻画。而木材、砖石则有自己的天然纹理和固有色彩，反射作用较弱。不同种类木材的纹理变化也不一样，石材又分为大理石、花岗岩、毛石等许多种类型，表现的手法也各不相同。玻璃是有机透明体，透明度好能够反映周围的环境，所以在刻画其反射的景物时要注意透视变化和画面层次。而地毯、窗帘等纺织品为透光而不反光的材料，表面舒展没有明显的转折，色彩的固有色明确而肯定，所以在刻画时要着重体现其轻盈飘逸的材料特点。

3.2.2 家具饰品的形体表现

(1)室内家具是构成室内空间的重要因素，不同风格的家具也体现着不同风格的室内环境。家具的种类繁多，大致可分为：家居家具，如沙发、茶几、床、床头柜、餐桌椅等；办公家具，如办公桌椅、文件柜、电脑台等；商业家具，如展示台、展示柜、洽谈桌椅等。不同的家具也有不同的样式变化，在刻画时要注意细节。

bRIE
SONY
SONY

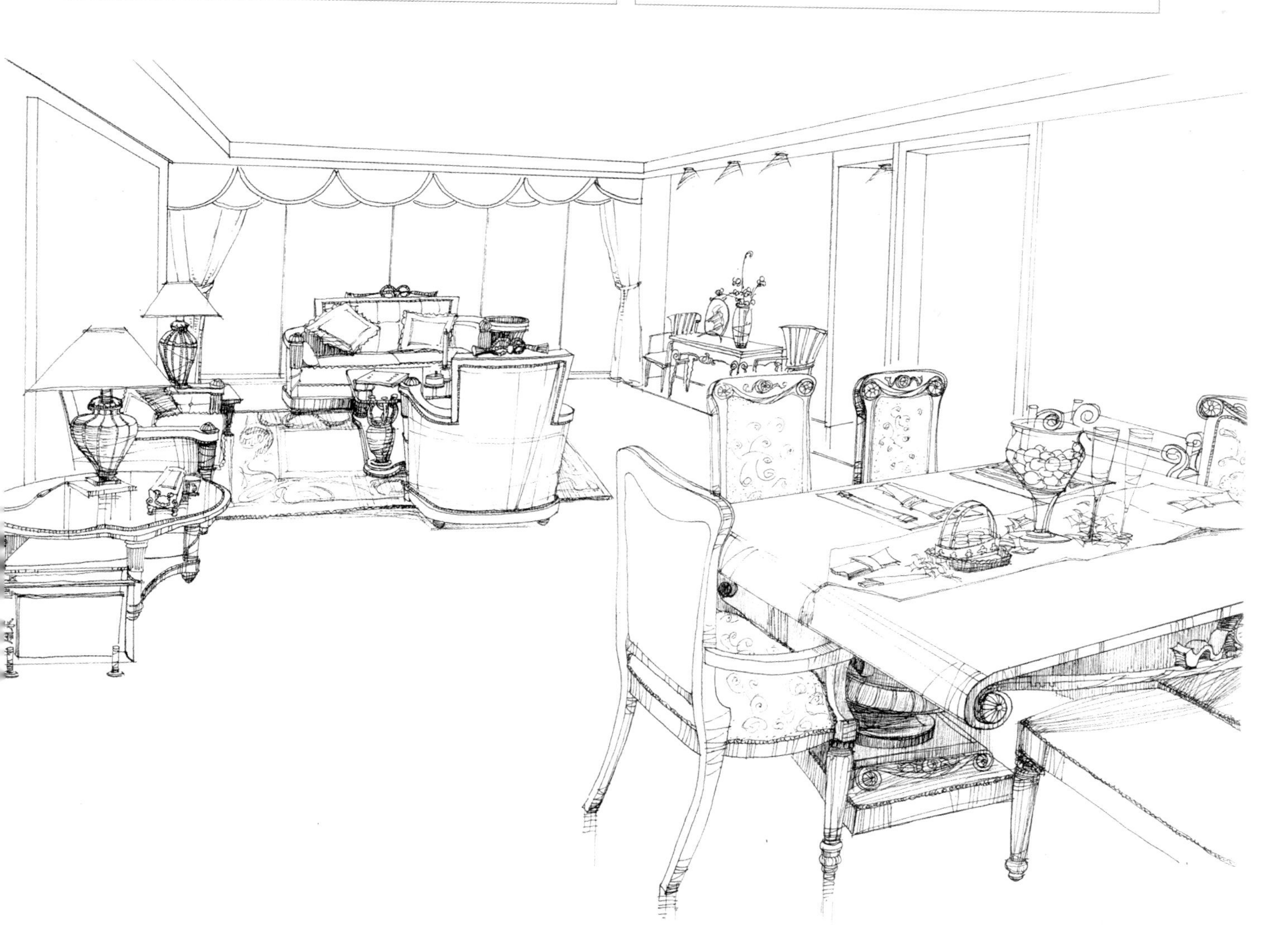

(2) 室内灯具是构成室内光环境的主要工具，它不仅起到照明作用，还起到装点室内的作用。根据灯具的作用不同，主要分为吊灯（室内的主光源）、射灯、壁灯、网线灯（室内的辅助光源）、地灯、台灯（室内的学习光源）。不同风格的灯具搭配不同的室内环境，营造出不同的室内气氛。

(3)室内绿化和装饰品是点缀室内环境、调节室内气氛的主要因素。绿化和装饰品的种类很多，放置的位置所起到的作用也大不一样，所以在刻画时要注重其各自的形态，尤其是外轮廓线要准确地表现其形态的变化。

3.2.3 室内构造的空间表现

在绘制室内构造的线条图时要注意室内整体空间的把握和室内局部造型的结构变化，要做到透视准确、结构清晰，注意用不同的线条变化来表现不同的形体质感。通过线条的虚实变化来表现室内的空间进深，体现良好的空间效果。

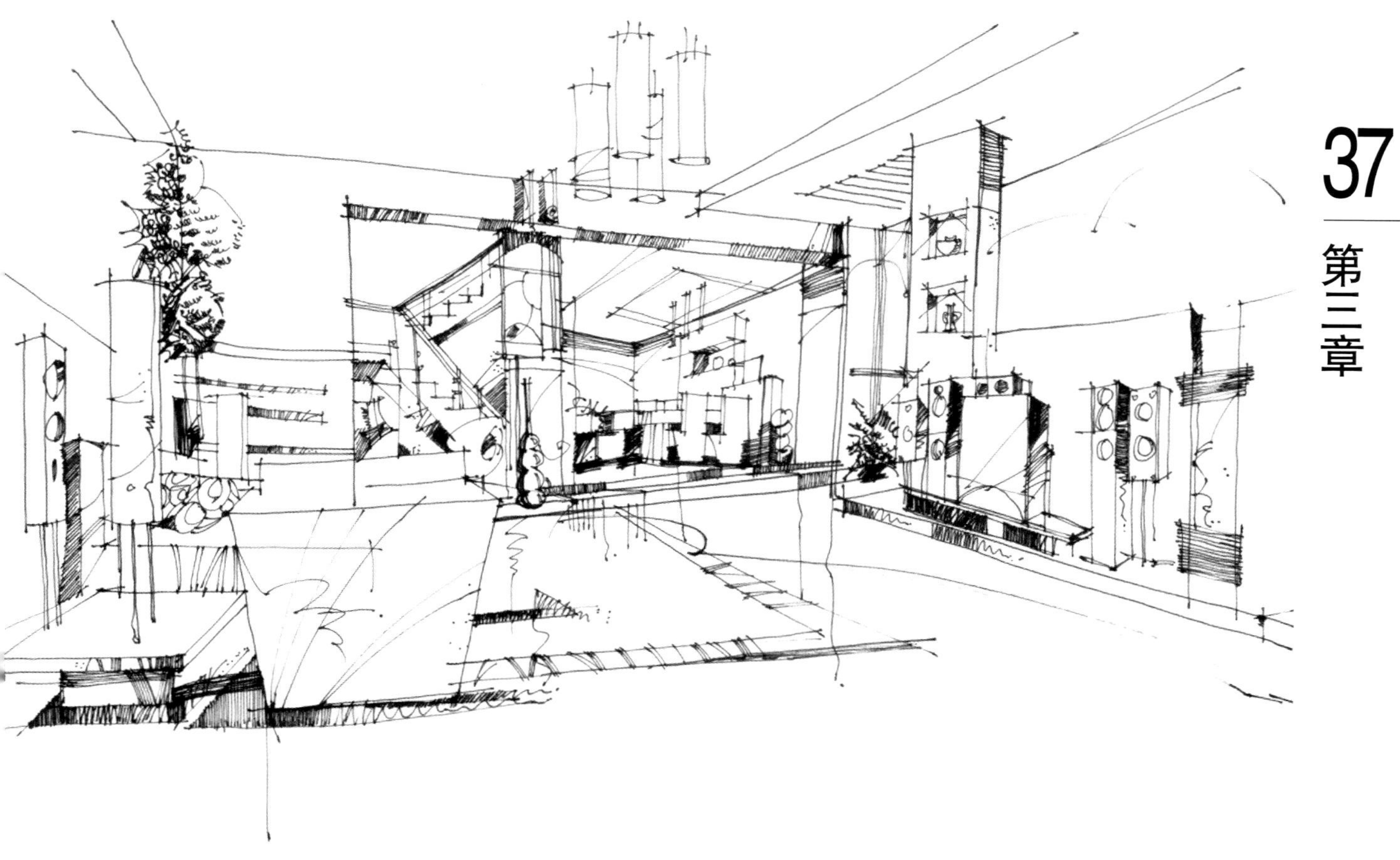

3.2.4 设计草图阶段的课时安排

项目 课时	设计草图训练内容	教学手段	作业要求
4	木材、石材、玻璃、金属、镜子、纺织品的质感表现	用线条表现物体的不同质感	A4纸 5张
4	家具、灯饰、绿化、饰品的形体表现	用单线表现物体的不同造型及风格	A4纸 10张
4	根据照片或图片临摹室内装饰，塑造室内空间	用线条体现室内的装饰及构造，培养学生运用线条的综合表现能力	A3纸 5张

第四章　设计表现图的麦克笔技法

麦克笔是近些年较为流行的一种画手绘表现图的新工具，麦克笔既可以绘制快速的草图来帮助设计师分析方案，也可以深入细致地刻画，形成表现力极为丰富的效果图。同时也可以结合其他工具，如水彩、透明水色、彩色铅笔、喷笔等工具或与计算机后期处理相结合，形成更好的效果。因为麦克笔表现力强，所以深受广大设计人员的青睐。

4.1　麦克笔工具介绍及其特性

麦克笔是英文“MARKER”的音译，意为记号笔。笔头较粗，附着力强，不易涂改，它先是被广告设计者和平面设计者所使用，后来随着其颜色和品种的增加，也被广大室内设计者所选用。目前市场较为畅销的品牌如日本的YOKEN、德国的STABILO、美国的PRISMA及韩国的TOUCH等。麦克笔按照其颜料不同可分为油性、水性和酒精性三种。油性笔以美国的PRISMA为代表，其特点是色彩鲜艳，纯度较高，色彩容易扩散。酒精笔以韩国的TOUCH为代表，其特点是粗细两头的笔触分明，色彩透明，笔触肯定，干后色彩稳定不易变色。水性笔以德国的STABILO为代表，它是单头扁杆笔，色彩柔和，层次丰富，但反复覆盖色彩容易变得浑浊。

麦克笔适于表现的纸张十分广泛，如色版纸、普通复印纸、胶版纸、素描纸、水粉纸都可以使用。选用带底色的色纸是比较理想的，首先纸的吸水性、吸油性较好，着色后色彩鲜艳、饱和，其次有底色容易统一画面的色调，层次丰富。

其他的辅助工具

要有一支较好的自动铅笔，如德国的“红环”笔；其次要有从0.1～0.4的勾线笔，可以选用德国的“ROTRING”、日本的“MICRON”等品牌。不同型号的勾线笔可以用于表现不同粗细的线条。在绘图中除了常用的丁字尺、三角板外，最好要准备曲线板和标准化的模板，以便在绘制曲线时能准确到位。

用麦克笔作画省去了调配颜色的麻烦，使作画更加有序快捷，同时麦克笔的颜色不容易覆盖。在表达色彩时一定要心中有数，下笔肯定，为了更准确、全面的表达色彩，在选择麦克笔时可以多加几种品牌，多选些颜色。

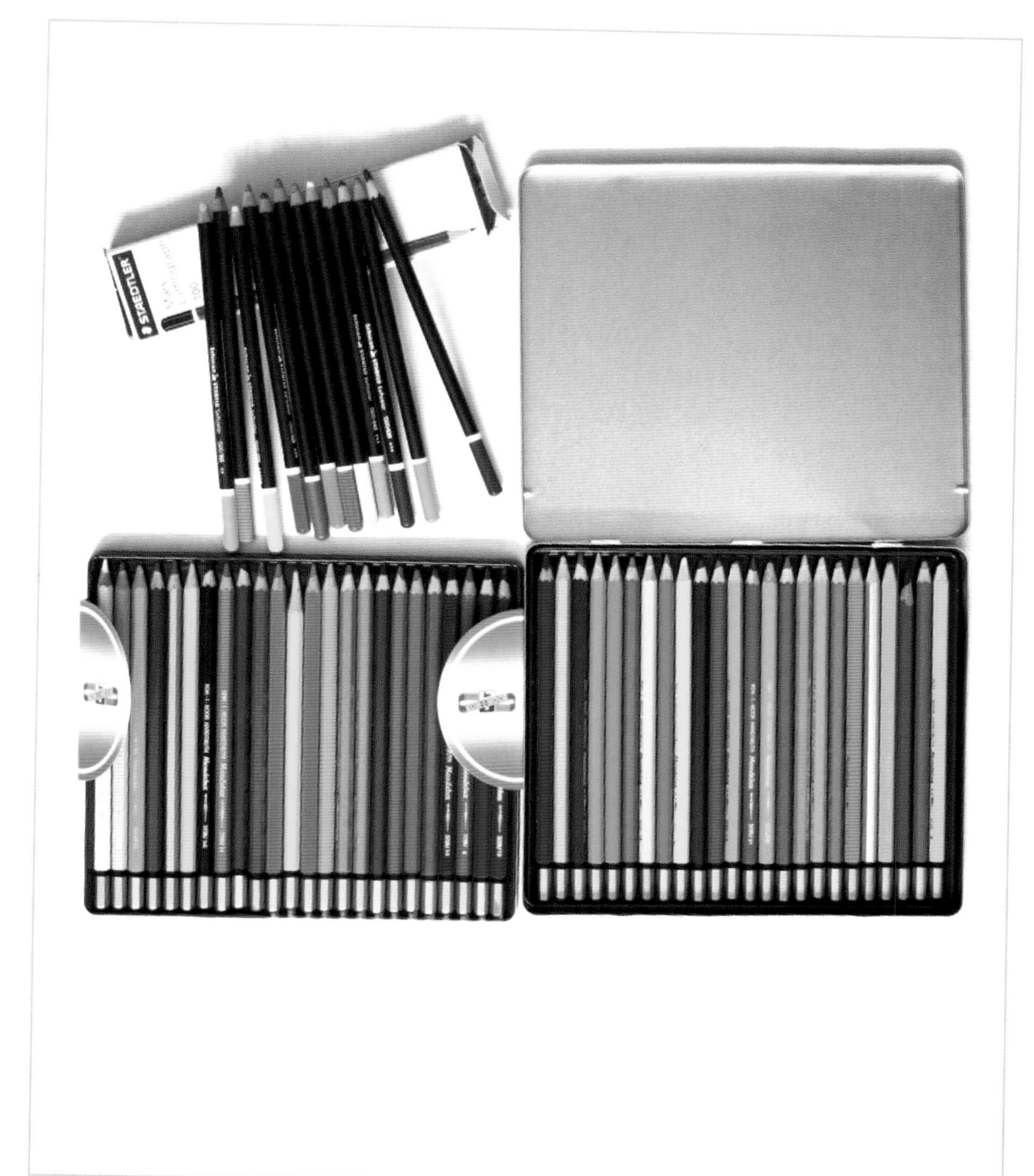

彩色铅笔是和麦克笔相配合的工具之一，它根据其特性分为可溶性和不可溶性两种。彩色铅笔主要用来刻画一些粗糙物体的质感(如岩石、木板、地毯等)，它可以弥补麦克笔不能大面积平涂的缺陷，也可以很好地衔接麦克笔笔触之间的空白，起到丰富画面的作用。

4.2 麦克笔技法的训练过程

麦克笔技法的训练要循序渐进，首先练习单体家具、灯饰的表现，熟悉笔的特性，掌握运笔的方法，注重笔触与结构、形体的结合。然后临摹照片，对图片的色彩、质感、光线进行归纳与总结，变被动的临摹为主动的练习。最后才是进行室内外大环境的麦克笔图绘制。有些同学在初学时不注重方法的总结，学习训练不扎实，结果画面效果混乱，事倍功半。

4.2.1 形体与质感的表现

在进行表现图绘制时我们需要表现不同的质感，有粗糙的木材、石材，也有透明的塑料、玻璃，更有反光极强的金属。所以在表现物体材质时应注意麦克笔的用笔方向，应该和材质的纹理保持一致。

我们常遇到的木材装饰面板有枫木、松木、红胡桃木、樟木、红樱桃木、沙比利木、檀木、柚木、黑胡桃木等，在表现时可以把麦克笔和水溶彩铅笔结合使用。

石材是常用到的装饰材料，主要有大理石、花岗岩、毛石、板岩等。大理石的纹理呈片状，表现为线状的深浅变化纹理；而花岗岩为点状纹理，色彩较灰暗；毛石和板岩的表面粗糙，凹凸不平。

在画玻璃时要注意它的反光度和折射后的光影变化。

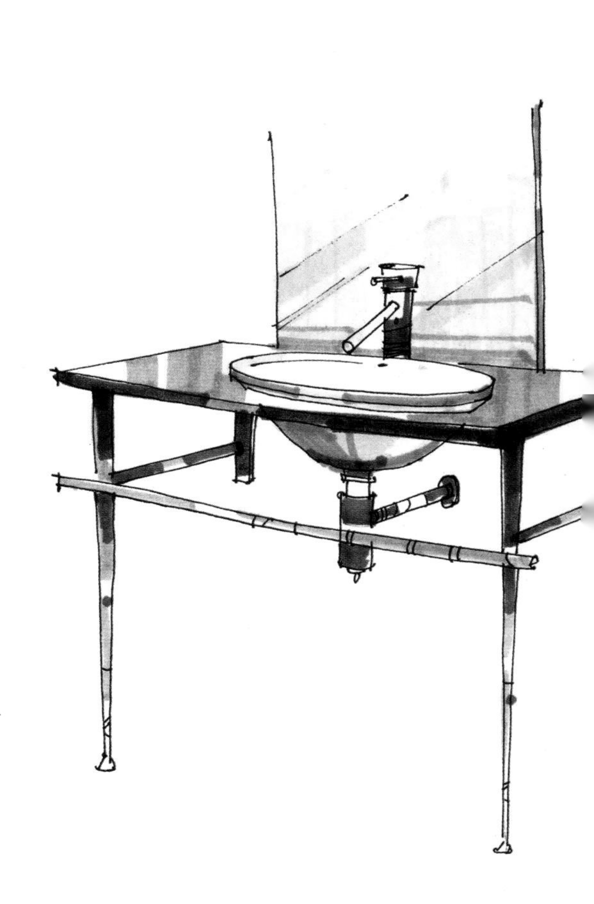

植物是室内外表现图的刻画重点，能起到丰富整体环境，活跃室内外气氛的作用。在刻画植物时要注意植物外轮廓的形体变化，同时根据植物的形体特点用不同的线条进行表现。

室内家具和灯饰的造型变化丰富，在用麦克笔表现时要注意笔触与结构的结合，同时注意投影层次的变化。

4.2.2 临摹的写实手法

经过材质表现和单体家具的练习后，应该进入实景照片的临摹阶段。在这个阶段的练习中，主要是通过临摹实景照片进行室内小范围的空间表现。同时对室内色彩进行归纳总结，营造室内整体氛围，表现室内的光影变化。

下面我们对实景照片的临摹步骤进行详细说明：

步骤一：根据实景照片绘制线稿，要做到透视准确，室内装饰的结构变化清晰，同时线条的粗细要有所变化，特别是小器具的表现要刻画得到位。我们可以用一些调子来表现室内的光影，要注重光照的强弱变化和影子的形状变化。

实景照片

步骤二：在着色时，首先要分析室内的整体色调，照片呈现的是暖色的室内氛围，自然光从窗外投射到室内，产生光影变化。我们首先用水溶彩铅笔处理墙面，在处理红色马赛克时要注意光照的明暗变化，然后用麦克笔来加深室内的空间层次，同时刻画一些小的细节。

步骤三：处理室内大的明暗变化，暗面的处理要有层次，处在暗面的色调偏暖色。室内的一些小器具处于背光面，要注意刻画它的交界线。

步骤四：最后处理一些小细节。窗外的植物做减法处理，画面右前方的水池在刻画时也要进行概括，冷色调处理的要柔和。最后可以再用彩色铅笔整体处理一下，调整室内气氛。

作品范例

4.2.3 室内环境的表现

我们通过步骤图的讲解进行详细说明：

步骤一：作为住宅的室内空间设计其表现技法有自己的特点，一般室内面积适中，空间有一定的错落变化。所以勾线稿时一定要细致严谨，能准确地反映出空间的进深。同时要根据房型，设计重点选择适宜的透视方法，在图面中通过透视突出设计中心，画面的线条要准确到位。一些房型的转折线、主要家具的结构线一定要肯定；一些灯具、饰品、植物绿化的线条可以放松，采用徒手勾线的方式，但物体的轮廓一定要准确概括，还要运用线条适当地表现物体的质感（如玻璃的质感表现要采用短而利落的线条，配上一些错落的点状线来体现玻璃磨砂的效果；地毯的表现主要是注重其花纹的处理要符合透视的变化规律；石材质感的体现要采用一些短而曲折的线条表现其天然纹理。光感的气氛营造也是十分关键的，这一点可以通过物体的投影来表现）。

步骤二：线稿勾好后，开始麦克笔的上色。由于麦克笔的颜色本身不可涂改，所以着色的步骤有一定的规律。首先设计师要根据设计方案确定室内大的色调及明暗关系，先用大笔触区分几个大面的虚实关系，通过明暗对比塑造空间距离感。在着色时要选用同一色系的灰色进行叠加，顶面的颜色略重，但要注意给灯光的辐射面留一些空白。然后对室内装修的主要材料进行处理，在处理木做材料时从中间色开始画，颜色不要涂满，要有一定的透气性。最后再对每个物体的暗面进行加重，同一材质的物体颜色要统一，在刻画时要通过笔触来体现质感。

步骤三：在处理好主要色调和材质后开始刻画一些细节装饰，比如：灯具、窗帘、绿化等一些细节。在刻画时可以采用水溶彩色铅笔与麦克笔结合的画法，这样更容易丰富画面关系，体现物体质感，同时设计师要注重使用麦克笔细头的一端来塑造形体。在刻画细节装饰品时要注意与主体色调的互补性，地面的处理可以先用彩色铅笔不均匀的涂一层，再用麦克笔来表现其质感和物体的地面的投影，投影的形要和物体自身的造型及光照方向一直。

步骤四：最后刻画主体家具和地毯。沙发的处理手法要生动，用笔要自如，大笔触的块面塑造与小笔触花纹处理相结合。地毯的色彩要统一稳重。可用彩色铅笔先处理再叠加麦克笔，使其显得丰富而沉稳。设计师对于整幅画面的色调要进行调整，投影的形要准确，色彩要加重，同时阴影要注重变化关系。最后要对家具、装饰品的细节做进一步刻画。同时多考虑环境色对物体的影响，使画面色调和谐、统一，视觉冲击力强。

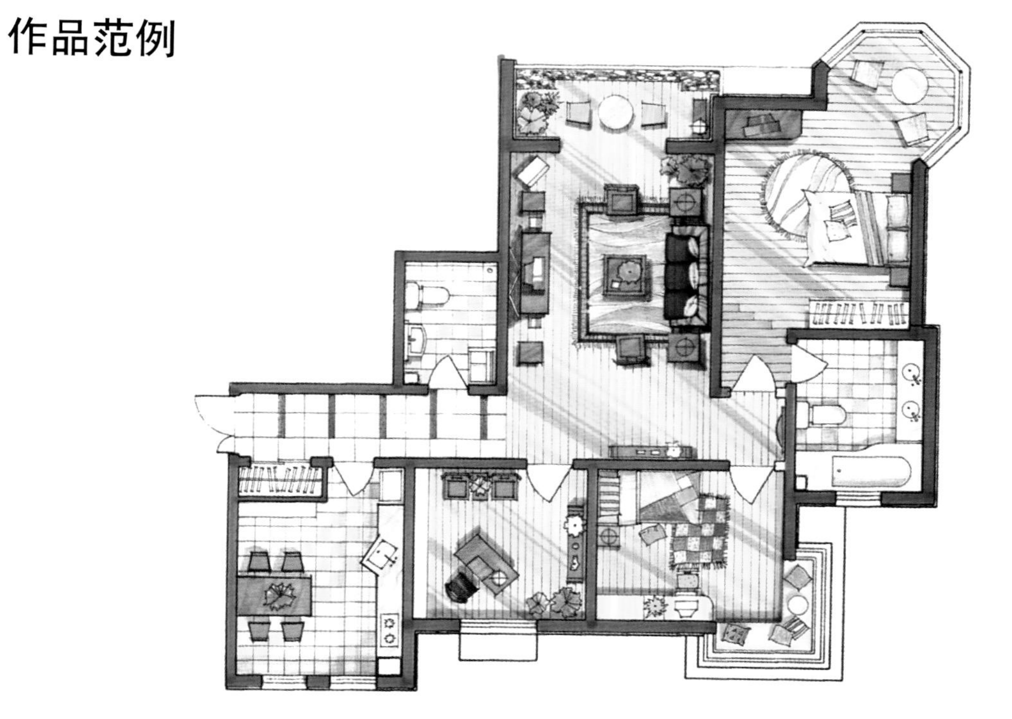

天津理工学院200届
2004.5.17

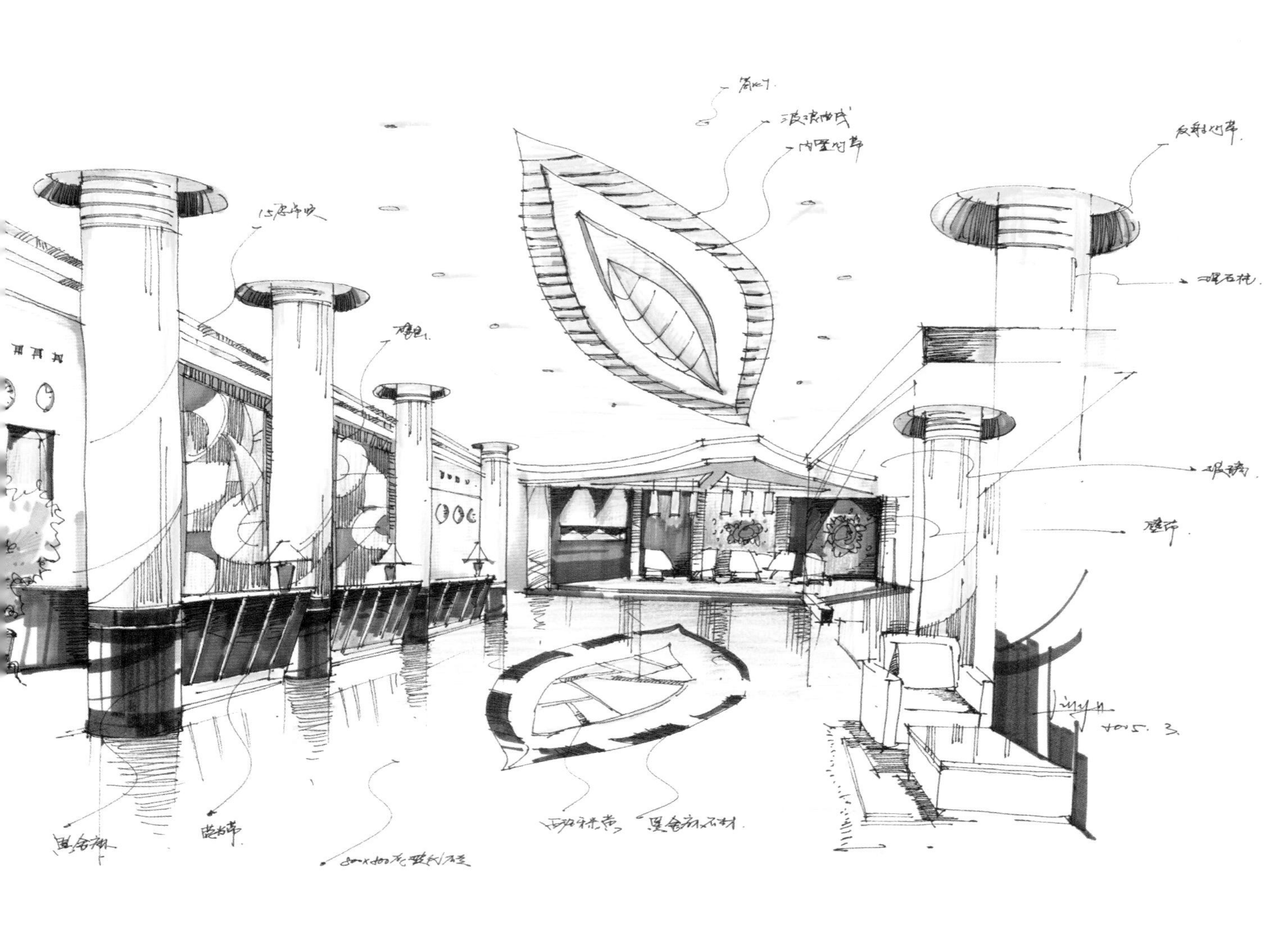

4.2.4 室外环境的表现

我们通过步骤图的讲解进行详细说明：

步骤一：在勾画别墅外檐的线稿时，主体建筑的结构是十分关键的。建筑的结构转折关系一定要画的明确，同时周围的配景在画面中起到了烘托气氛的作用。很多设计师往往忽略配景的作用，在刻画的时候比较潦草，这是十分错误的。在刻画配景植物、花卉时一定要注意不同种类植物的特有外型和植物前后的疏密关系。

步骤二：先用水溶铅笔画天空，注意排比的方向要基本一致，要含蓄的刻画出云彩的形状，在画天空时可以用一些淡紫色和蓝色表现云的层次感。然后刻画周围的植物，植物的颜色变化一般是前暖后冷，前面的植物外型具体，明暗对比强烈，后面的则比较概括、含蓄。

步骤三：在周围的关系基本明确后，开始刻画主体建筑。屋顶用棕色的彩铅，墙壁用土黄色彩铅刻画，刻画时要注意整体的光线变化。

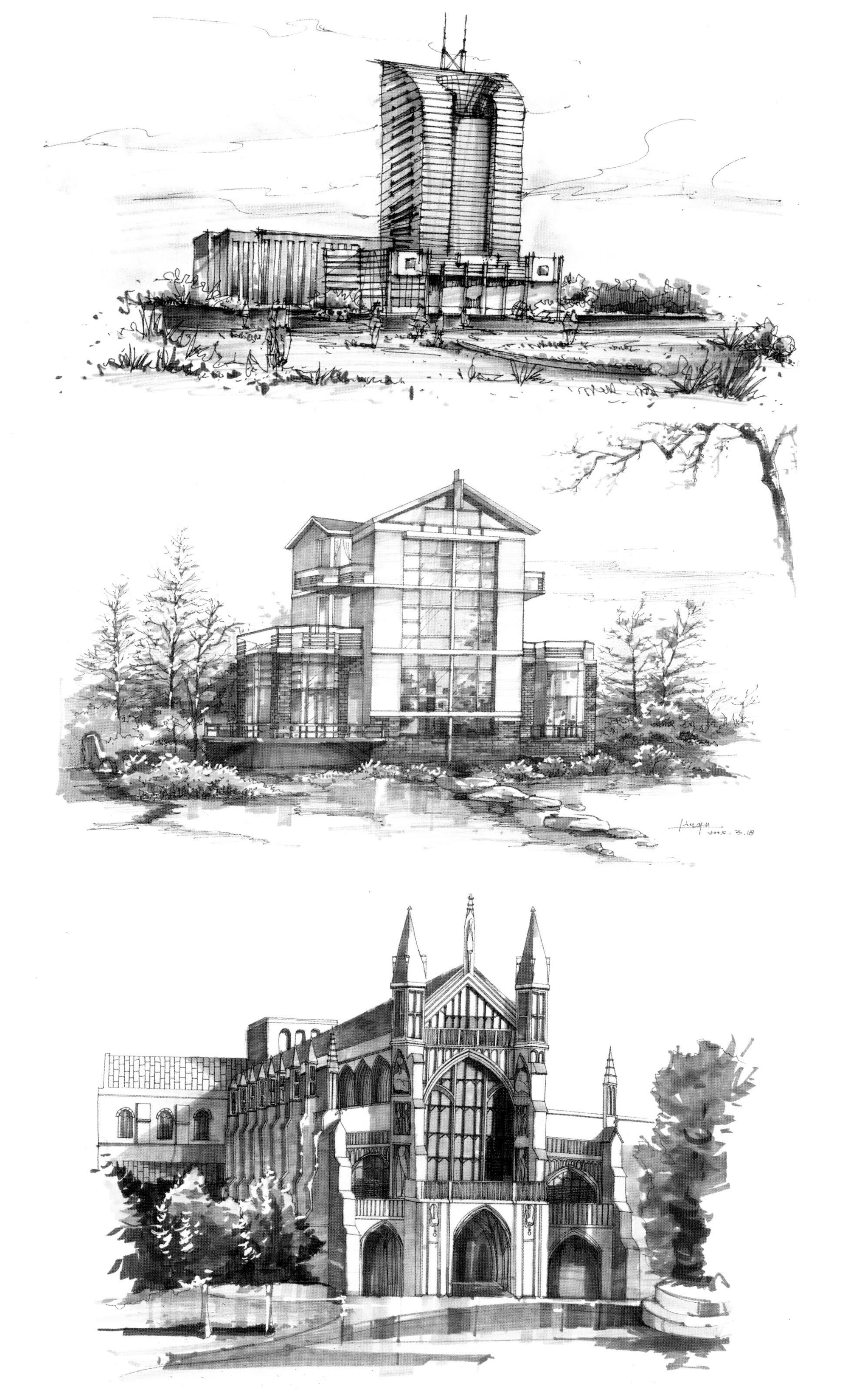

4.2.5 麦克笔表现图技法阶段的课时安排

项目 课时	麦克笔表现图训练内容	教学手段	作业要求
4	用麦克笔表现各种质感，同时注重笔触的练习	注重不同质感的表现	A4纸 10张
8	对室内一角的实景照片进行临摹	用麦克笔对室内色彩、空间、光影进行归纳	A3纸 5张
6	绘制全景室内表现图	用麦克笔、水溶彩铅笔等综合材料进行室内效果图的表现	A3纸 5张
6	绘制室外建筑或景观表现图	用麦克笔、水溶彩铅笔等综合材料进行景观效果图的表现	A3纸 5张

第五章 设计表现图的水粉写实技法

5.1 水粉写实表现技法的作用及要求

水粉的写实技法是表现图的一种常用技法。主要是通过练习掌握水粉颜料的特性，及用水粉颜料表现材料质感和室内空间感的技法。同时增强学生对室内效果图的感性认识，锻炼自己的表现功底，为日后独立完成水粉喷绘效果图打下良好的基础。

在绘制水粉超写实表现图时，要先找一些印刷质量较好的彩色室内照片资料，进行整体的临摹。在绘制过程中要做到熟练掌握绘图的各种工具，特别是对界尺的使用方法要熟练掌握。同时在画法上要有取舍、有提炼，既非常概括又不失工整、细致地描绘，室内色调及光感的处理统一而协调。

5.2 各种材质的超写实表现

(1)木质材质的表现

在室内装饰陈设中，木材的使用最广泛。因为它本身加工容易，又出效果，特别是当与人贴近时有一种温暖感。我们在图面上表现它的时候应该注意区分材质与色泽，由于木材纹理细腻，又可以染色或漆成各种颜色，所以呈现出多种色泽。比如：有较深的胡桃木、紫檀木等；也有偏红的红木、樱桃木等；还有偏黄褐色的樟木、柚木等；偏乳白色的橡木、银杏木等。在画的时候，我们应该依照木材的品种涂刷出底色，并适当地做出一些光影效果及明暗变化，用色不宜太厚。然后，用勾线笔或衣纹笔蘸比原底色深一度的颜色水，勾画出木材的纹理。勾画好木纹之后，还可以用喷笔在受光部位喷出些眩光，以增加木材的质感效果及漆后的光洁度。

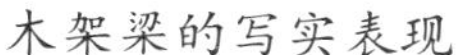

木架梁的写实表现

木制家具的写实表现

(2)石材的表现

商业空间、办公大厦、宾馆与饭店中大理石及花岗岩被广泛应用。这种质地坚硬、光滑透亮的材料不仅可以提高室内空间的档次，也可以给人一种一尘不染、耳目一新的感觉。

我们在效果图上按照石材的固有色及受光后应有的色泽先薄薄地铺一层底色（为了透亮，尽可能少用粉，多采用水彩颜料）。最好能留出高光与反光，因为石材质感硬，光洁度好，大都有强烈的倒影。如画地面时，远近不要有明显的色彩变化，近处的倒影比较清晰，愈远愈模糊。颜色及冷暖上都应有所变化。同时，还要用勾线笔适当地勾画出石材的纹理，最好是在颜色还未干透的情况下勾，使它与底色稍有溶合，而不是浮在表面。这样一来，石材的效果就比较逼真了，花纹也不会显得过分生硬。

石材及玻璃的写实表现

(3)金属材料的表现

室内外装修中不锈钢及金属材料的使用也很普遍。为了便于在效果图中表现这些材料，我们应该单独练习这些材料的画法。对于不锈钢来说，一方面坚硬有光泽，而且它的色彩反差也极大。尤其是高光部位更是非常亮，能反映出周围物体的倒影。画的时候，要抓住这种质感上的特点，强调受光面与阴影的明暗差别大的特点和暗部反光也很亮的特点。

金属吊灯的写实表现

金属器皿的写实表现

(4)玻璃和镜面的表现

玻璃及镜面基本属同一材质，表面都很光滑。只是镜面镀了一层水银的缘故，才能照见物体。

玻璃的画法，有无色透明的，也有带一些颜色的。不管是画哪种玻璃，都必须强调其光洁的特性，并且有眩光的效果。无色玻璃可用白粉再加少许绿色集中画在某一角处，但一定要画得薄，而且用笔还要轻，为的是让玻璃后面的东西别太明显，然后，在关键部位画出高光线。玻璃如处于水平位置，可垂直画；如处于立面状态，则需用斜线打出亮色眩光，以示玻璃的存在。

镜面玻璃除了要注意它本身的色泽外，还要反映出镜面所映出的物象。特别要注意刻画镜面反像时的透视关系及虚实程度。如果一次画的过于清晰，可以再用少许带粉色的笔触破一下。这样，一方面做出了镜面上的眩光，另一方面也把太实的景物遮挡一下。

(5)皮革制品的表现

在室内陈设中，不乏大量的皮革制品，像沙发、椅垫甚至软包的墙壁等。我们首先应该了解皮革的特点，这些材料表面光滑，无反射，明暗差别较大，但还是逐渐过度。画的时候，应该把握住这些特点，再根据其具体造型细致地刻画。该重的地方大胆加重，该亮的地方大胆提亮，就能达到预期效果。

皮制沙发的写实表现

5.3 水粉写实表现图作品范例

写实表现图

照片

实景照片

写实表现图

实景照片

写实表现图

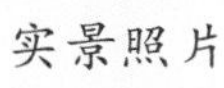

实景照片

写实表现图

写实表现图

写实表现图

写实表现图

写实表现图

5.4 水粉写实表现技法阶段课时安排

项目 课时	水粉写实技法的训练内容	教学手段	作业要求
12	用水粉颜料配合其他工具临摹室内设计的照片	掌握水粉颜料的特性来进行各种材质和室内空间的表现	4开纸 1张

第六章　设计表现图的喷绘技法

6.1 喷绘技法的作用及要求

喷绘技法是借助于喷笔和气泵等专业设备和特殊技术手段来绘制设计表现图的专业技法。利用这种方法绘制的效果图从技法上、画面效果上都是其他手绘方法所不能达到的。其特点是色彩过渡柔和，明暗层次丰富，质感细腻、逼真，尤其是在光感的表现上更是其他工具所难以相比的。

练习喷绘技法要掌握一定的步骤：

（1）喷绘前先将完成好的底稿拓印到事先裱好的正稿纸上，拓印的线条不要过重，纸面要保持干净整洁。

（2）用较大的笔触画出物体的基本色调及明暗关系，不必做过细的色彩过渡处理。

（3）把需要喷绘的地方分解成独立的基本形，用遮挡膜贴好或用透明胶片制成活动的挡片，喷绘时要压好，以免脱落。喷绘时手要调节好出气口的大小，手的上下左右摆动要均匀一致，明暗过渡的地方要进行过渡喷绘，以保证过渡柔和。

（4）画面的高光部分可以事先留出来，也可以用白粉提亮。要注意高光线也要有层次，虚实变化。

6.2 喷绘表现图的作品范例

交通銀行
BANK OF COMMUNICATIONS

6.3 喷绘表现技法阶段的课时安排

项目 课时	喷绘表现技法的训练内容	教学手段	作业要求
12	喷绘室内或室外表现图	学会运用喷笔工具表现物体质感、室内空间及光影变化	2开/1开图纸1张

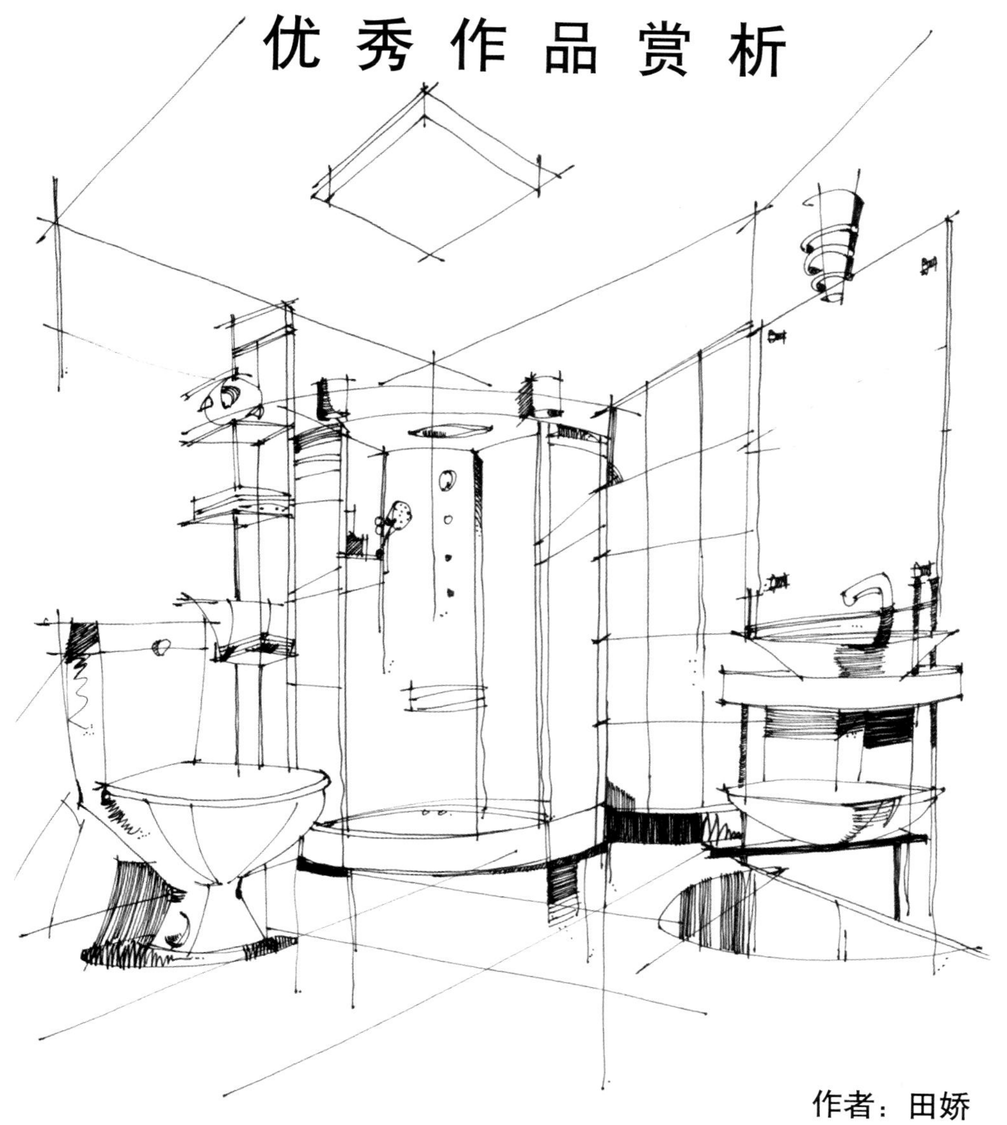

作者：田娇

作者：田娇

作者：黄磊

作者：刘宇

作者：谷程

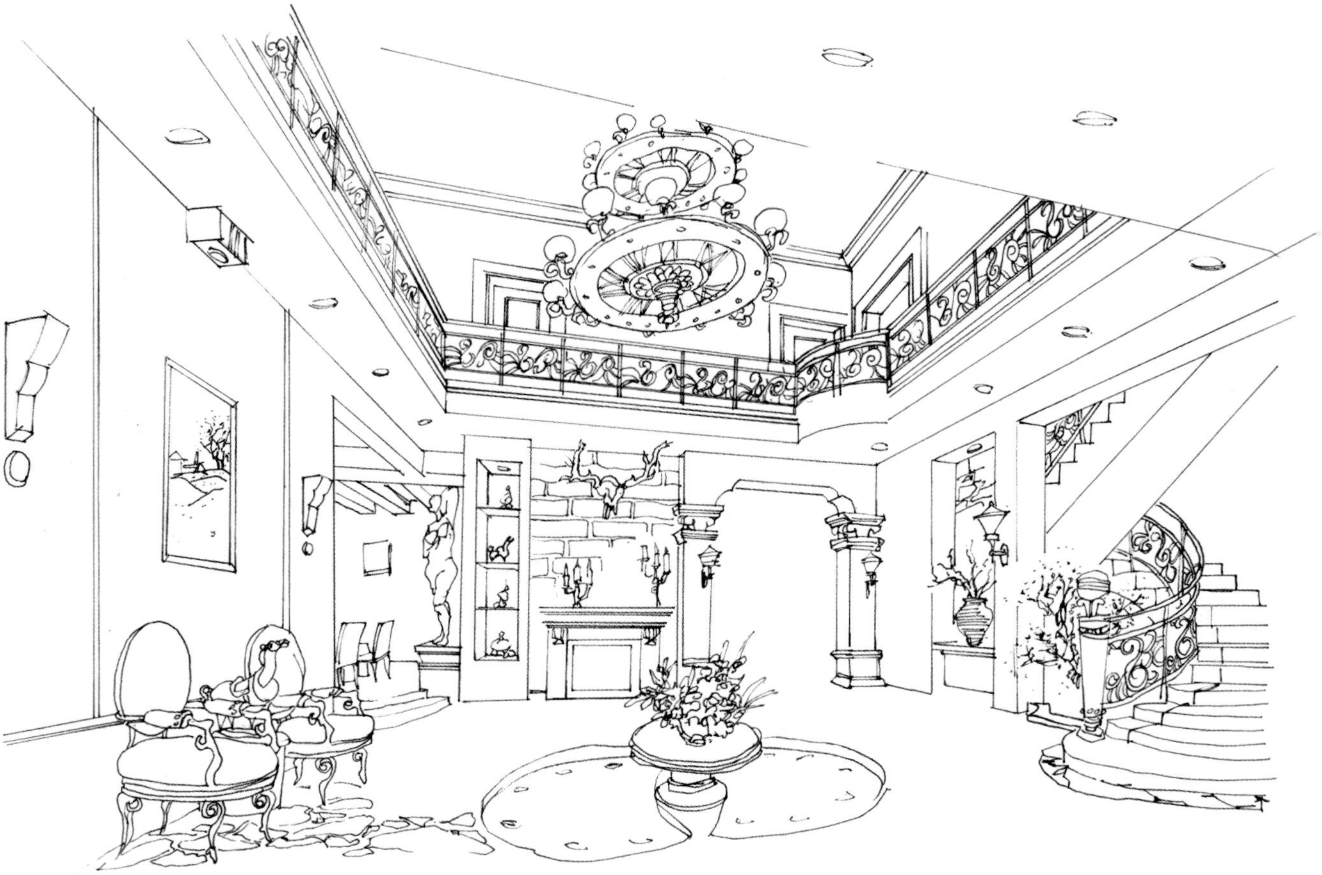

作者：赵杰

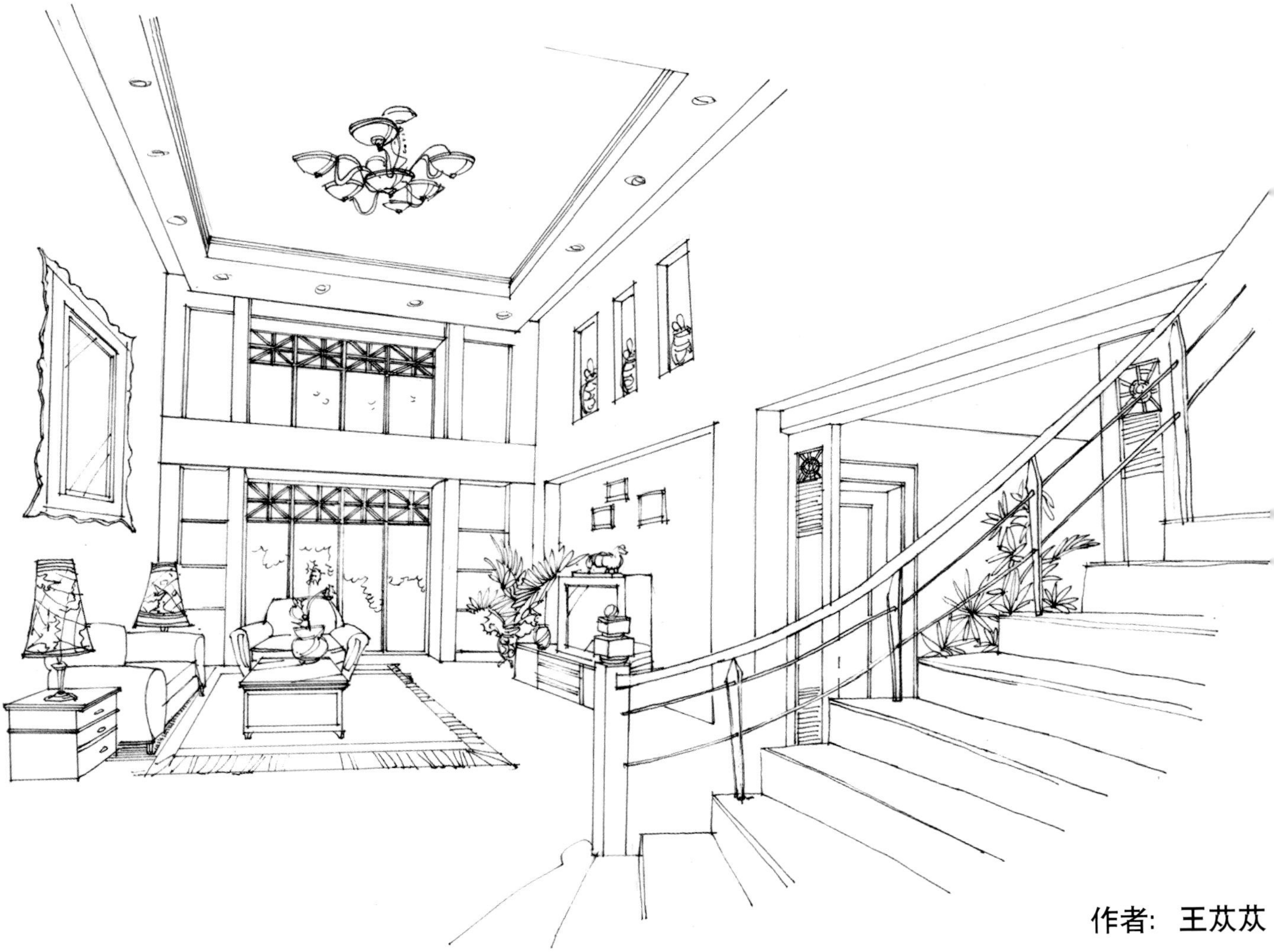

作者：王炊炊

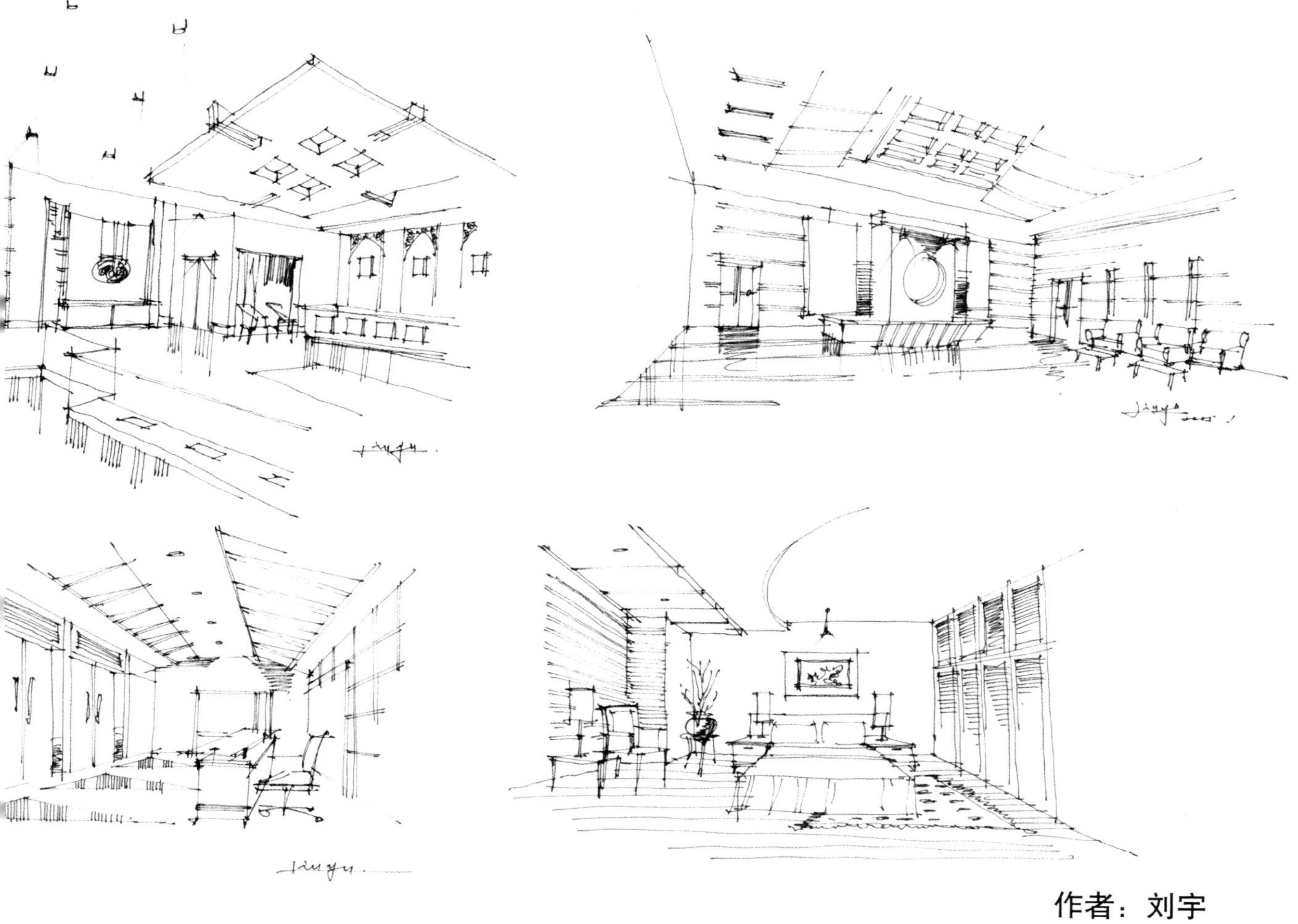

作者：刘宇

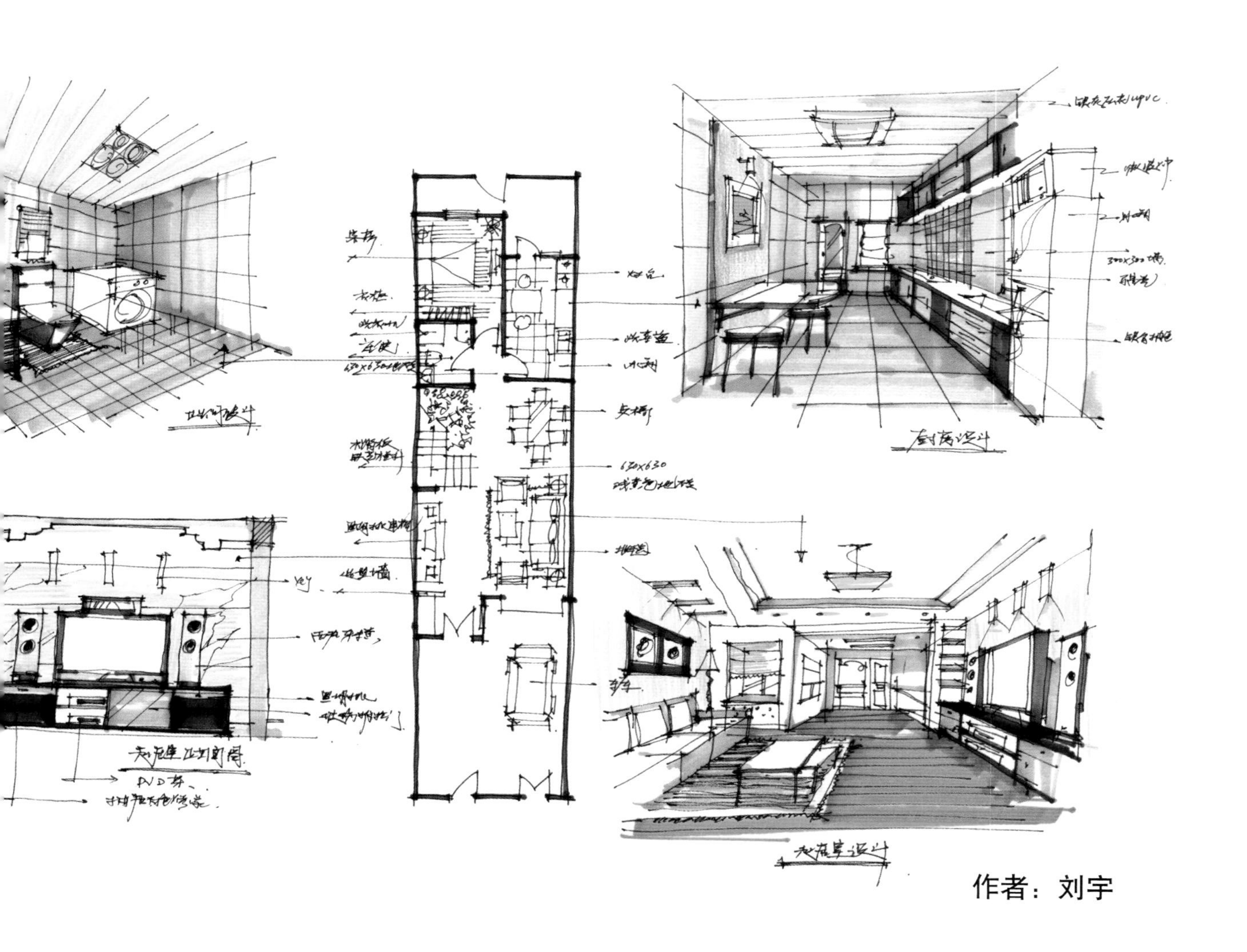

作者：刘宇

开发区别墅设计 • 总平面图 设计师：刘宇

开发区别墅设计 • 起居室效果图 设计师：刘宇

发区别墅设计 • 餐厅效果图 设计师：刘宇

发区别墅设计 • 卧室效果图 设计师：刘宇

开发区别墅设计 •主卫效果图 设计师：刘宇

开发区别墅设计 •女儿房效果图 设计师：刘宇

开发区别墅设计 · 书房效果图　设计师：刘宇

作者：刘宇

作者：刘宇

作者：张宝旺

作者：张宝旺

作者：刘宇

作者：刘宇

作者：刘宇

作者：刘宇

作者：刘宇

作者：刘宇

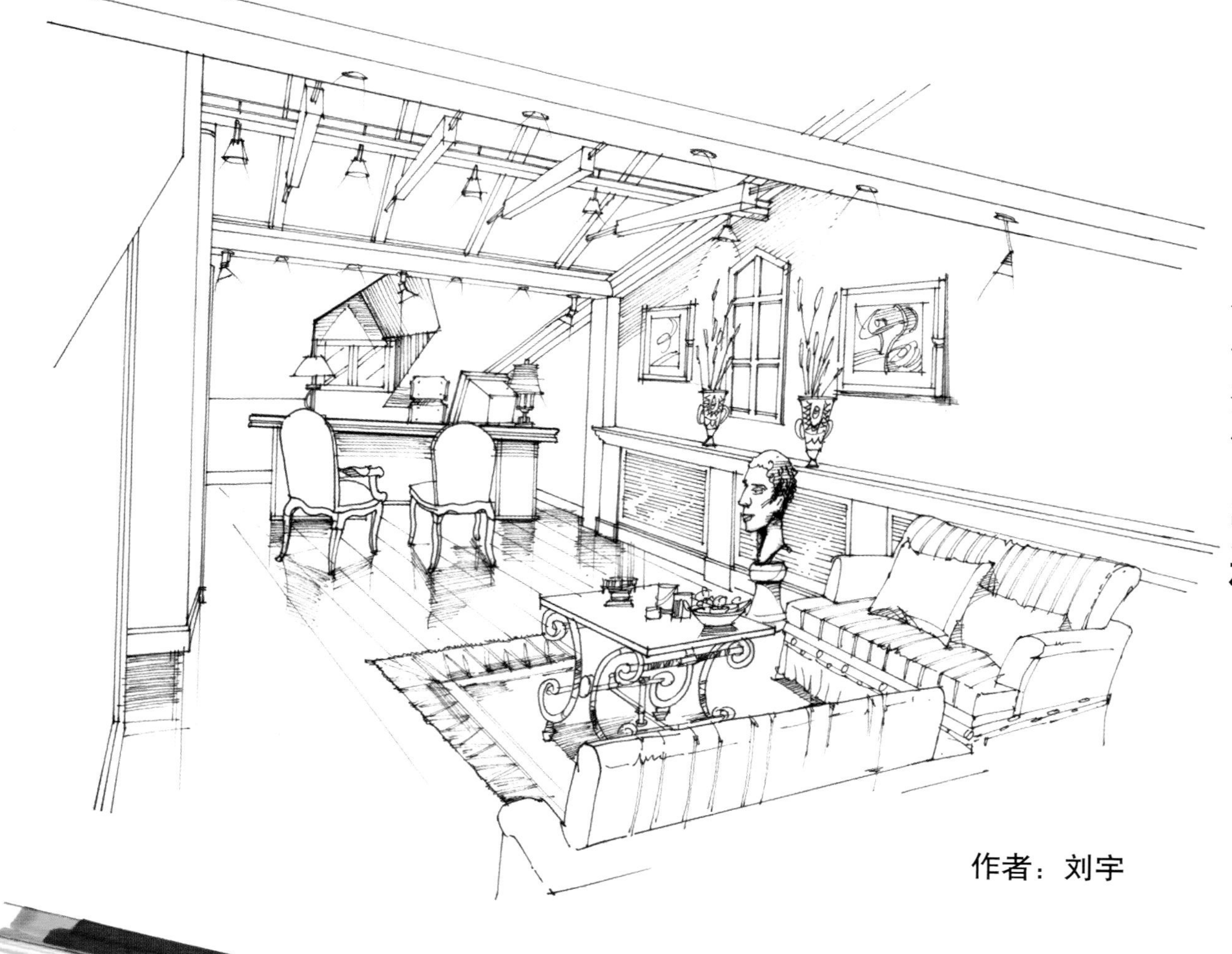

作者：刘宇

作者：刘宇

作者：刘宇

作者：刘宇

作者：刘宇

作者：李昭

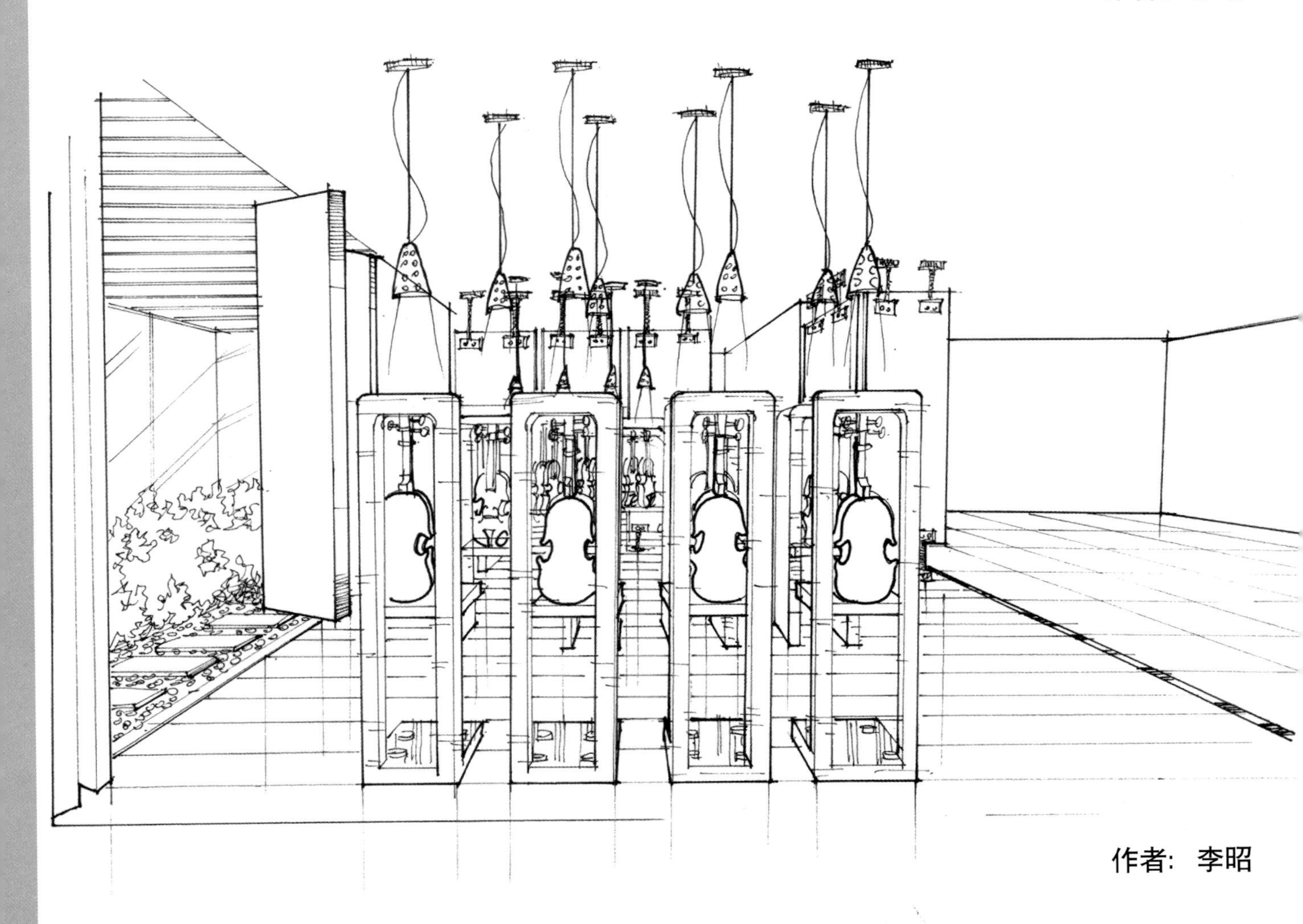

作者：李昭

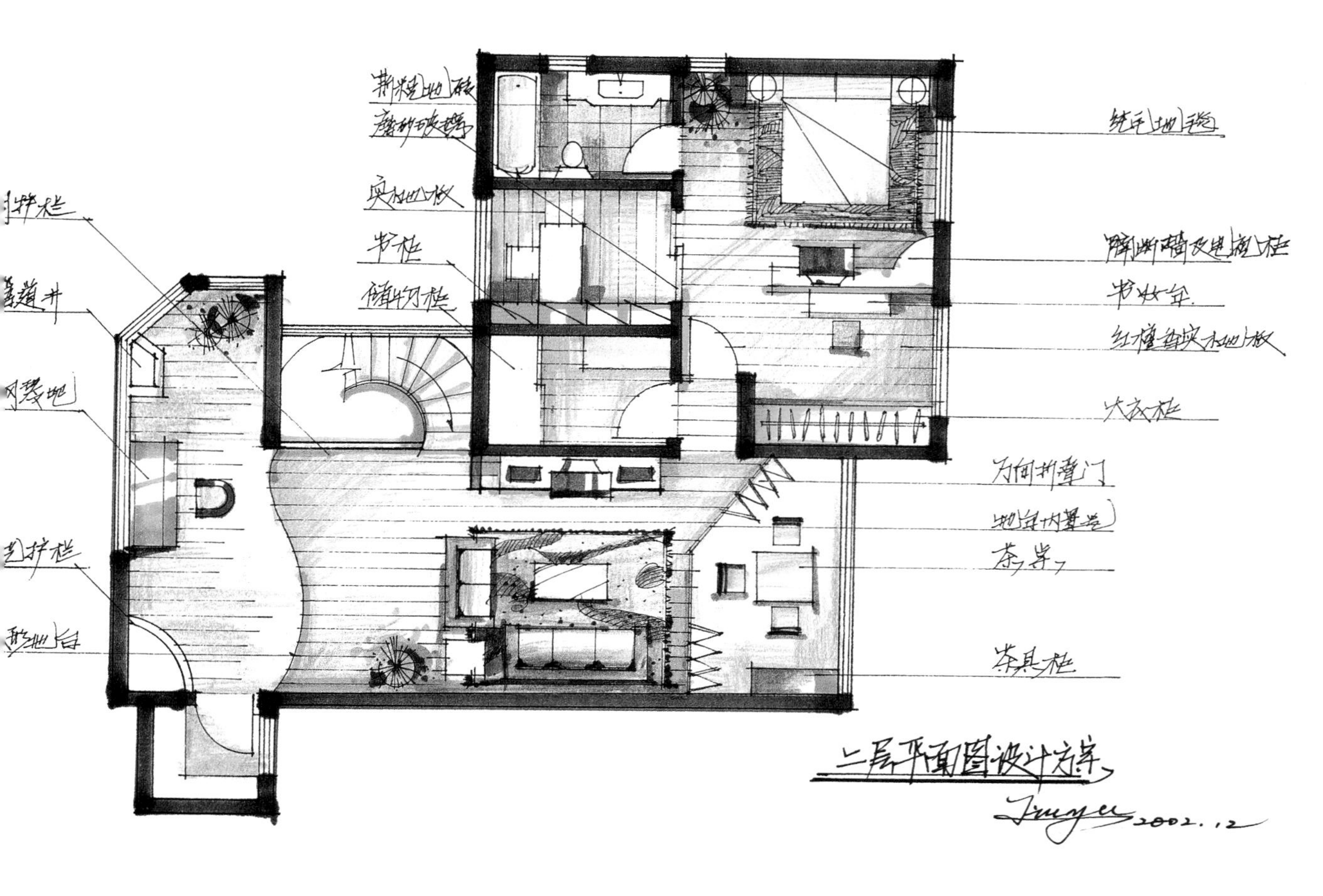

作者：刘宇

作者：刘宇

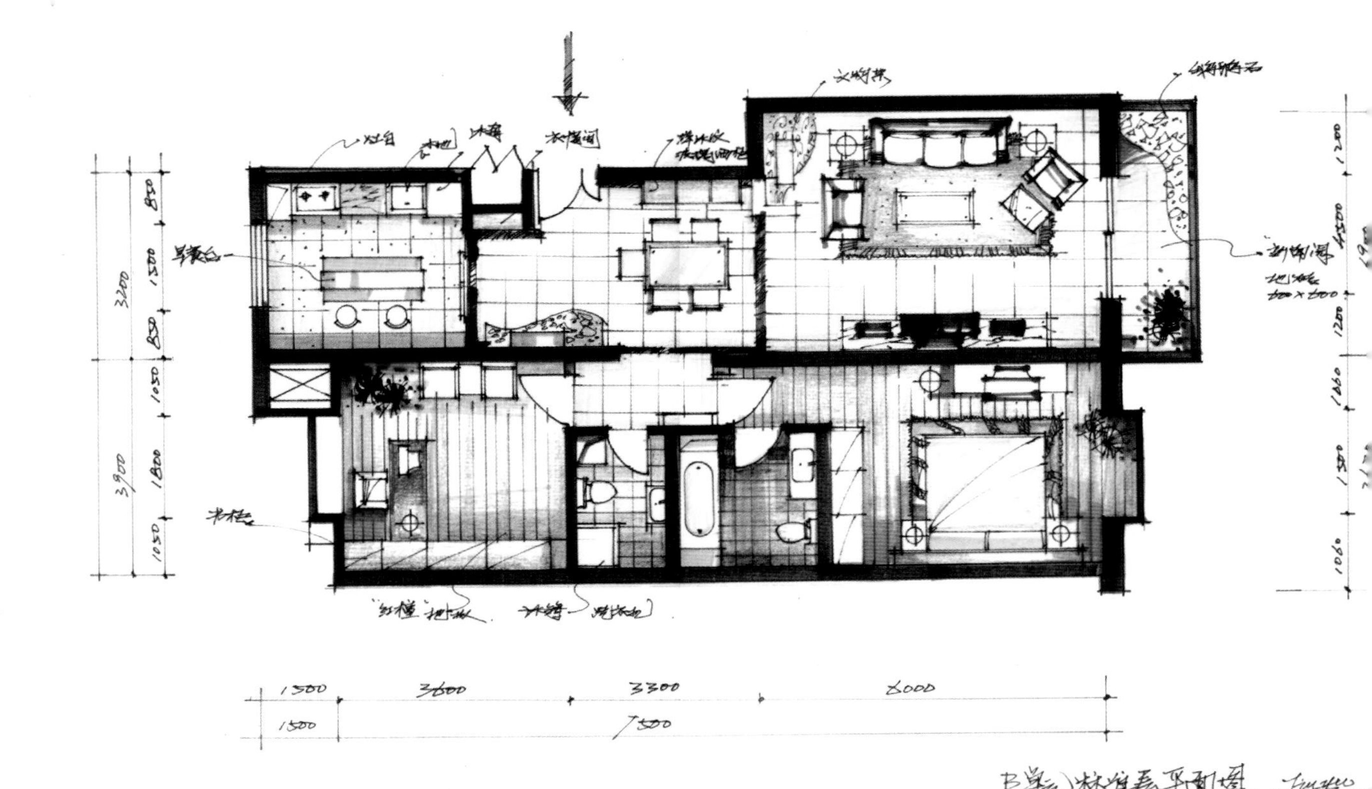

作者：刘宇

作者：刘宇

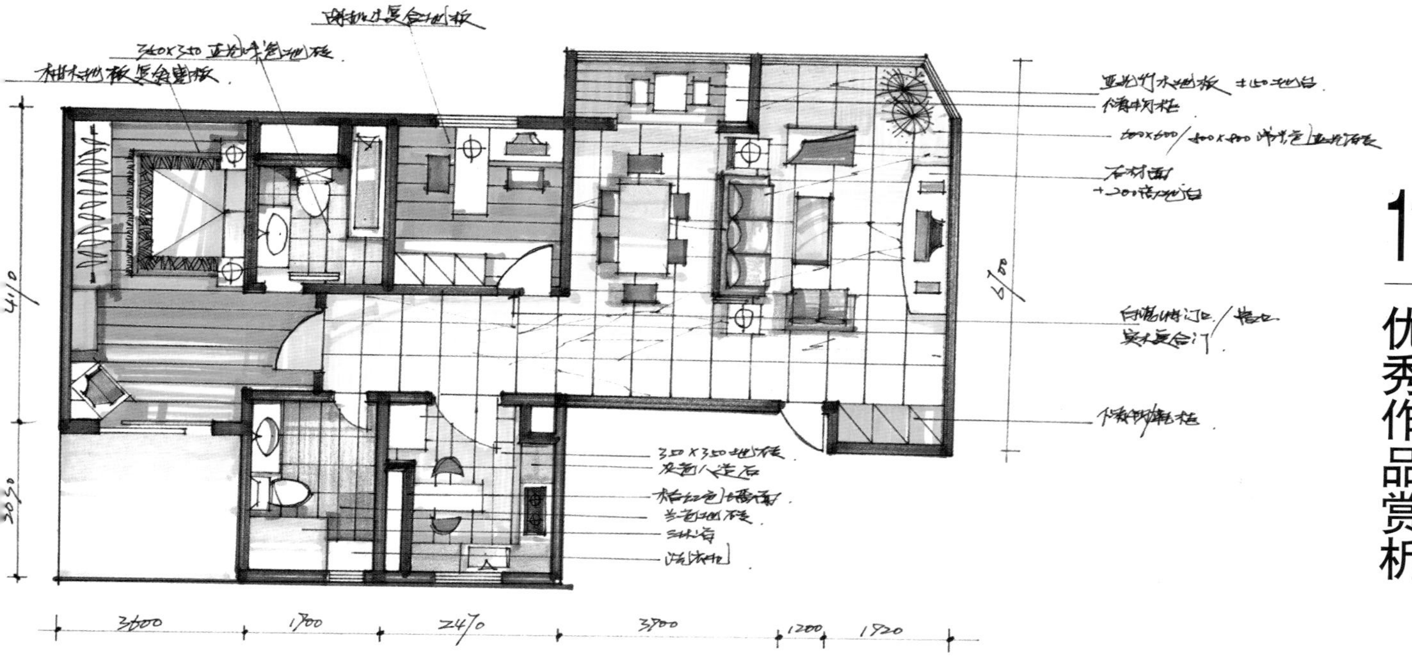

作者：刘宇

作者：刘宇

作者：刘宇

作者：刘宇

作者：刘宇

作者：刘宇

作者：张智勇

作者：张智勇

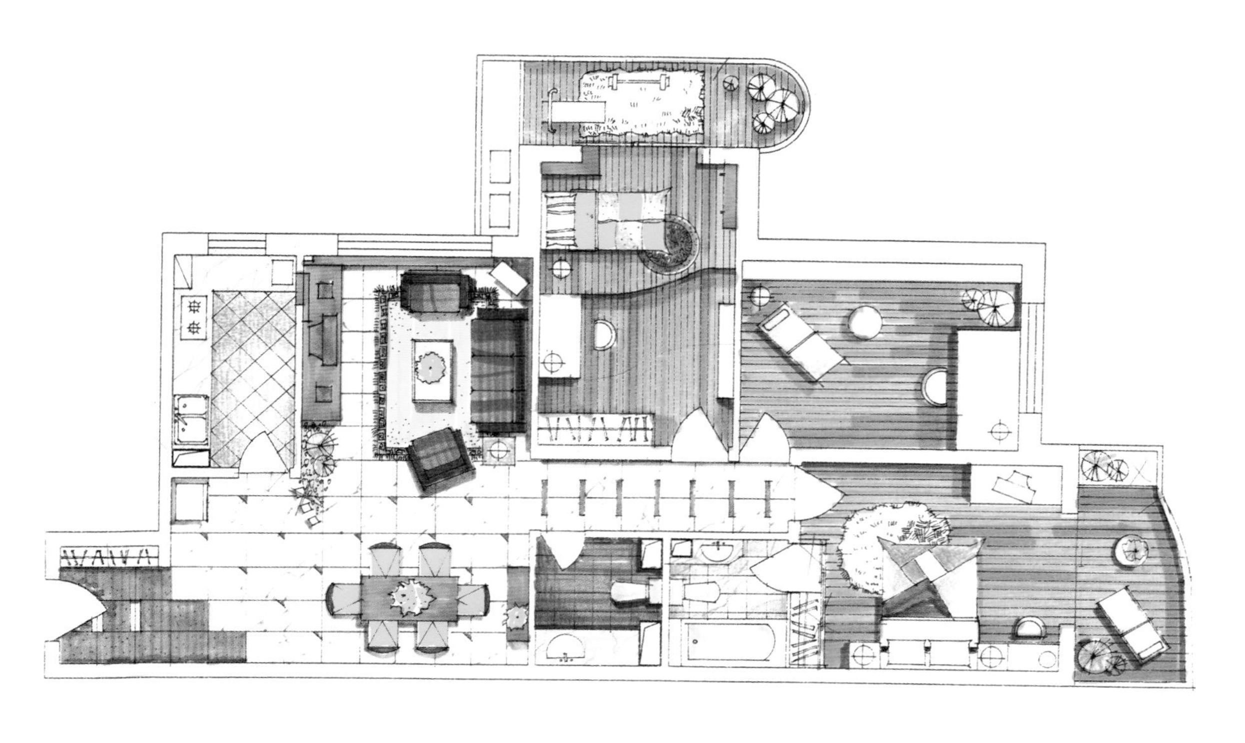

作者：张智勇

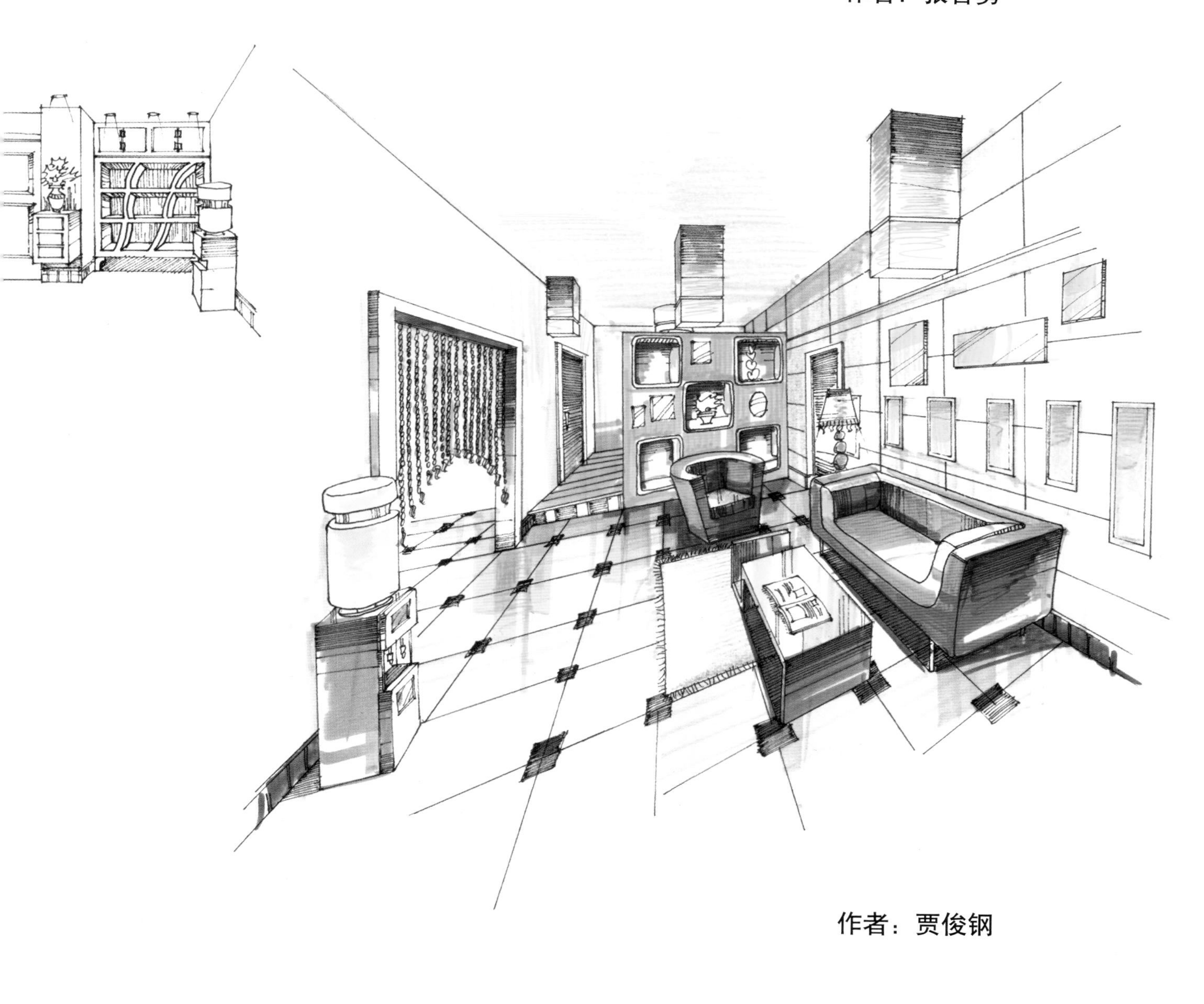

作者：贾俊钢

作者：刘宇

BASIC GEAR
BASIC GEAR
BASIC GEAR
BASIC GEAR
BASIC GEAR
BASIC GEAR

作者：刘宇

作者：刘宇

作者：刘宇

作者：张宝旺

作者：席雅丽

参考文献

1.张绮曼，郑曙阳　主编．室内设计资料集．
北京：中国建筑工业出版社，1991

2.刘铁军，杨冬江，林洋　主编．表现技法．
北京：中国建筑工业出版社，1996

3.杜海滨　编著．设计与表现．
沈阳：辽宁美术出版社，1997